青鸟新知

U0260456

青鸟
新知

城中自然

偶 然 的 生 态 系 统

〔美〕彼得·阿拉戈纳 —— 著

臧 晶 —— 译

孙宝珺 —— 审校

江苏凤凰科学技术出版社·南京

图书在版编目（CIP）数据

城中自然 ： 偶然的生态系统 ／（美）彼得·阿拉戈
纳著 ；臧晶译. -- 南京 ： 江苏凤凰科学技术出版社，
2025. 2. -- ISBN 978-7-5713-5162-5

I. X21

中国国家版本馆CIP数据核字第2025HV5686号

江苏省版权局著作合同登记图字：10-2023-295 号

城中自然　偶然的生态系统

著　　　　者	〔美〕彼得·阿拉戈纳	
译　　　　者	臧　晶	
审　　　　校	孙宝珺	
总　策　划	傅　梅	
策　　　划	陈卫春　王　崇	
责 任 编 辑	吴　杨	
营 销 编 辑	姚　远	
责任设计编辑	蒋佳佳	
责 任 校 对	仲　敏	
责 任 监 制	刘　钧	

出 版 发 行	江苏凤凰科学技术出版社
出版社地址	南京市湖南路 1 号 A 楼，邮编：210009
编 读 信 箱	skkjzx@163.com
照　　排	江苏凤凰制版有限公司
印　　刷	南京新洲印刷有限公司

开　　本	718 mm×1 000 mm　1/16
印　　张	16.25
插　　页	4
字　　数	200 000
版　　次	2025 年 2 月第 1 版
印　　次	2025 年 2 月第 1 次印刷

标 准 书 号	ISBN 978-7-5713-5162-5
定　　价	68.00 元

图书如有印装质量问题，可随时向我社印务部调换。联系电话：025-83657629

自序

几年前一个明媚的冬日，我收拾完东西，换好衣服，骑上自行车，准备下班回家。那是一个周五，我觉得我应该提前享受周末的时光。我刚刚为我的第一本书做了最后的润色，这本书耗费了我近10年的心血，我已经准备好迎接新的挑战。不过当时，我只想放空自己。

一路上，我途经了海滩、高速公路、湿地和农场，在穿过宁静的郊区后，便进入了繁华的市中心地段。在离办公室不到2千米的地方，脚下的道路与阿塔斯卡德罗溪（Atascadero Creek）交汇。"Atascadero"是一个可爱的单词，但它所指的地方却不可爱。在西班牙语中，该词的意思类似于"泥沼"，而眼前这条可怜的溪流恰恰名实相符。小溪异常笔直，它与一条碎石路平行，看起来更像是运河，而不是小溪。为了防止暴雨后坍塌，很长一段河道都被混凝土围了起来。然而，在大多数日子里，它只是慵懒地流淌着，浑浊的径流沿着长满青苔的岩石汇入黑如沥青的溪水中。

骑行 15 分钟后，我经过小溪上的一座桥梁，然后在一片住宅区和高尔夫球场之间向东拐去。就在那时，大约在前方 90 米处，一只奇怪的生物从路面穿过。它的体形与小狗相当，有着圆圆的小脑袋和大大的尖耳朵，身体的后半段异常丰满，脚掌从远处看就像餐盘一样又扁又宽。我慢慢靠近，心里嘀咕着这个"奇怪生物"到底是什么：是鹿吗？不是。浣熊？不是。臭鼬？也不是。郊狼？可能不是。狗？也许是。家猫？比家猫大多了，但动作又很像。

骑到合适的距离，我停下自行车，开始向灌木丛张望。在距离我不到 5 米的地方，赫然坐着一只短尾猫。它身材健硕，毛色斑驳，明亮的绿眼睛和标志性的耳朵十分抢眼。该个体正值壮年，尽管我知道大多数短尾猫体重都不到 9 千克，但眼前这只仿佛狮子般巨大。我们对视了几秒钟，两只哺乳动物在一场狭路相逢中打量着彼此。

我曾两次在野外邂逅短尾猫。第一次是在一个秋高气爽的清晨，地点是在加利福尼亚州一个高山湖泊的岸边。当时，那只斑驳的灰色个体与身后的花岗岩背景完美地融为一体。第二次是在一个夏日的夜晚，地点是在蒙特利湾周边山上的一座农场。这只短尾猫的毛色较浅，更有利于其隐匿在周围金褐色的环境中。它在一个长满杂草的山头驻足，转头瞥了我一眼，然后便消失在灌木之中。

尽管我不是第一次遇见短尾猫，或许也正因如此，这第三次邂逅不仅让我感到惊讶，甚至还让我有点儿振奋。

惊讶是因为我一直以为短尾猫只会出现在之前的那些野生环境

中。短尾猫广泛分布于北美洲的温带和亚热带地区，它们在各种栖息地环境中都能繁衍兴盛，从佛罗里达的大沼泽地到魁北克的北方森林，再到墨西哥的索诺拉沙漠。虽然倾向于避开人类，但由于它们最喜欢的食物——啮齿类和小型哺乳动物通常不躲避人类，所以短尾猫经常出现在城郊及周边地区。我的许多朋友和同事都曾在我的家乡见过短尾猫。显然，我是最后知道它们在那里出没的人之一。

接下来则是一些感想。在之前的10年里，我一直致力于研究濒危物种，可以这样说，我的这些研究对象对于我们中的绝大多数人来说都是难得一见的。然而，当时的那只短尾猫从某种角度来说，就像科迪亚克岛棕熊或孟加拉虎一样大胆、美丽而又令人生畏——竟在南加州的郊外徘徊。在此后的日子里，我开始更多地思考城市中的野生动物。本书之所以能诞生，我们也应该感谢那只短尾猫。

我还意识到，我之前的研究工作或许有些舍近求远了。几十年来，大多数科学家和野生动物保护者都绕开了城市地区和栖息在其中的动物，转而将注意力集中在更偏远地区的罕见物种身上。关心野生动物的人普遍认为城市是人造的、乏味的和具有破坏力的，从这些地方几乎学不到什么东西，更不用提从中解救或培育什么物种了。直到最近，野生动物保护者才开始对城市地区产生兴趣。他们和我一样，花了很长时间才走到这一步。然而，当他们终于开始觉察时，他们也会像我一样对自己的发现感到震惊。

邂逅那只短尾猫之后的几年里，每当我告诉别人我在研究城市中的野生动物时，无一例外，对方都会以各自的故事来回应我。在创作这本书并倾听这些故事的过程中，我逐渐认识到，那次偶遇之所以令人印象如此深刻，并不是因为它有多么不同寻常，相反，正是因为它太过寻常了。

在本书中，我将解释我们是如何走到这一步的，以及城市中的这些野生动物故事究竟意味着什么。

致谢

　　大多数书籍的封面上只有作者一人的名字，然而实际上，写一本书就如同养育一个孩子，需要整个团队的共同努力。对于我而言，创作一本关于城市中野生动物的书籍离不开朋友、家人、同事和学生的无私支持。对于他们所有人，我怀有深深的感激之情。

　　首先，我由衷感谢我的家人，特别是我的母亲朱迪（Judy）。她对我工作的兴趣和热情是我最珍贵的财富之一。

　　我很庆幸拥有一群几乎可以称为家人的同伴。他们中的一些人是我的学生或同事，另一些人则是多年来与我一起工作、玩耍并共同成长的亲密朋友。我仍然定期与他们联系，征询他们的意见，向他们倾诉也向他们咆哮，一起哭也一起笑。在本书的写作过程中，同凯文·布朗（Kevin Brown）、斯科特·库珀（Scott Cooper）、罗伯特·海尔迈尔（Robert Heilmayr）、杰西卡·马特－肯尼恩（Jessica

Marter-Kenyon）、詹妮弗·马丁（Jennifer Martin）、亚历克斯·麦金塔夫（Alex McInturff）、蒂姆·保尔森（Tim Paulson）、格雷戈里·西蒙（Gregory Simon）、伊桑·特平（Ethan Turpin）、布赖恩·泰瑞尔（Brian Tyrrell）、丽莎·瓦德维茨（Lissa Wadewitz）、鲍勃·威尔逊（Bob Wilson）和马里昂·维特曼（Marion Wittmann）的交流令我受益匪浅，我想向他们表示感谢。

我在美国加利福尼亚大学圣芭芭拉分校的同事们，包括杰夫·霍勒（Jeff Hoelle）、帕特里克·麦克雷（Patrick McCray）和吉姆·萨尔兹曼（Jim Salzman），不仅才华横溢，而且耐心细致，他们给了我许多宝贵的建议。加利福尼亚灰熊研究网络（California Grizzly Research Network）的安德里亚·亚当斯（Andrea Adams）、萨拉·安德森（Sarah Anderson）、伊丽莎白·福布斯（Elizabeth Forbes）、伊丽莎白·宏保（Elizabeth Hiroyasu）、布鲁斯·肯德尔（Bruce Kendall）、莫莉·摩尔（Molly Moore）和亚历克西斯·迈克哈利夫（Alexis Mychajliw）则是我的灵感源泉和强大支持。我的学生们，尤其是贝利·帕特森（Bailey Patterson），也在各个方面给予我巨大的支持。

我还要感谢马克·巴罗（Mark Barrow）、道恩·比勒（Dawn Biehler）、威尔科·哈登伯格（Wilko Hardenburg）、梅兰妮·基克勒（Melanie Kiechle）、艾玛·马里斯（Emma Marris）、贝斯·普雷特-伯格斯特罗姆（Beth Prett-Bergstrom）、安德鲁·罗比肖（Andrew Robichaud）、斯科特·桑普森（Scott Sampson）和路易斯·沃伦（Louis Warren）。在关键时刻，他们不仅向我提供了宝贵的见解和

建议，还慷慨地分享了各自的人脉。特别感谢加利福尼亚大学戴维斯分校"环境与社会"研讨会、哥伦比亚大学"生物多样性及其历史"大会以及华盛顿大学"城市／自然暑期学院"的资助人、组织方和参与者。莎拉·纽维尔（Sarah Newell）是本书"尾声"部分中旅鸽鸟巢的发现者，我也想向她表示感谢。

20位城市野生动物及相关领域的专家牺牲了各自的宝贵时间来同我分享他们的见解。他们中的有些人还亲自与我和我的学生会面，甚至将我带到野外近距离了解他们的工作。我想向他们致以谢意。他们是：卡梅伦·本森（Cameron Benson）、詹妮弗·布伦特（Jennifer Brent）、蒂姆·唐尼（Tim Downey）、凯特·菲尔德（Cait Field）、丹·弗洛雷斯（Dan Flores）、乔尔·格林伯格（Joel Greenberg）、丽莎·莱赫尔（Liza Lehrer）、罗恩·马吉尔（Ron Magill）、塞斯·马格尔（Seth Magle）、约翰·马尔兹拉夫（John Marzluff）、迈克尔·米希奥尼（Michael Miscione）、艾伦·佩赫克（Ellen Pehek）、埃里克·桑德森（Eric Sanderson）、保罗·西斯沃达（Paul Sieswerda）、杰夫·西基奇（Jeff Sikich）、理查德·西蒙（Richard Simon）、彼得·辛格（Peter Singer）、安妮·图米（Anne Toomey）、马克·韦克尔（Mark Weckel）和玛丽·温（Marie Winn）。

我还要特别感谢我的策划编辑埃里克·恩格尔斯（Eric Engles），是他将一篇庞杂的初稿修改得井井有条。感谢 Ink Dwell 工作室的泰耶（Thayer）和简（Jane），是他们为本书提供了内页插图，从而提高了阅读的趣味性。感谢我出色的文稿编辑朱莉安娜·弗罗加特（Juliana Froggatt）。同时，我还想向斯泰西·艾森斯塔克（Stacy

Eisenstark）及加利福尼亚大学出版社的其他员工致以谢意，感谢他们对本书的鼎力支持，包括专业知识的支撑。

最后，我也要感谢"自序"部分提到的那只短尾猫以及在我研究和写作过程中教给我许多重要知识的其他动物。

前言

野生动物如今在哪儿呢？

这本书讲述的是一个本不应该存在的生态系统。

自从几千年前中东地区出现第一批城市以来，每一位研究城市的卓越思想家——从柏拉图到伏尔泰再到简·雅各布斯（Jane Jacobs）——都达成了一个共识：城市是为人类而建的。随着城市规模的不断扩大以及城市人口的日益密集，绝大多数野生动物被逐出了城市，只有极少数物种能够在城市中繁衍生息。曾经活跃于城市街头的家养动物大多也被驱赶至乡村地区，或被圈养在人类家中。到了 20 世纪中叶，生活在全球最发达城市中的动物的数量比以往任何时期都要少。这一现象逐渐成为常态，人们有充分理由相信这种趋势会一直持续下去。

然而，自 20 世纪 70 年代开始，欧洲、北美、东亚等地的城市居民注意到了一个奇怪的新现象。曾经在城市中消失了数十年的野生动物，有时甚至是从未在城市中现身过的某些动物，居然出现在了最不可能出现的城市环境中。环保主义者认为这些动物的出现纯属偶然，在这个充斥着工业污染和钢筋水泥的世界，它们简直就像是大自然最后的律动。然而，类似的目击事件仍在不断增加。很快，几乎每周都有新物种现身于新城市的报道。到了 2020 年，随着鹿在郊野草坪上吃草，鳄鱼游进高尔夫球场的池塘，老鹰在郊野公园中捕食鸽子，熊跑到邻居家树上摘苹果和海豹在船只穿梭的码头上晒太阳这些场景变得司空见惯，没有人会否认野生动物已经交织在城市当中。

尽管城市内的野生动物种群已呈现积极向好的发展趋势，但在城市之外，许多野生动物的种群已经崩溃。自 1970 年以来，全球野生动物种群数量平均下降了 60%。北美失去了 30% 的鸟类；一些曾经被视为无灭绝风险的标志性物种，如长颈鹿和大象，如今也受到了威胁……大片的野生栖息地被开发和利用，至少有一百万个物种正濒临灭绝。

在地球上所有生态系统中，城市是受人类影响最深的，但为什么越来越多的野生动物出现在城市中，而在城市以外的大部分地区，野生动物却又逐渐消失呢? 在我们这个日益城市化的星球上，这一悖论对城市、人类、野生动物和自然究竟意味着什么呢?

《城中自然 偶然的生态系统》讲述了野生动物重返美国城市的故事。尽管城市在最初建设时并非为了吸引野生动物，但由于人们几十年前所作的决策（大多数是出于其他目的），城市现已成为野生动物的栖息地，甚至在某些情况下成了避难所。美国城市中野生动物数量的激增是人类开始保护自然以来最伟大的生态成功案例之一，但它在很大程度上是一起偶然事件。直到近二三十年，美国的科学家、环保主义者、规划者和公民领袖才开始将城市视为一个拥有多样化物种的富饶生态系统，并在此认知基础上研究和治理城市。然而，使野生动物回归城市只是相对容易的部分。真正困难的，也是摆在我们面前的工作，是在动物出现在城市之后如何与它们和谐共存。

对于促使野生动物大规模重返城市的诸多变化，生态学家和环保主义者起初有些后知后觉。然而在过去几十年中，随着人们对城市野生动物和城市生态系统的兴趣与日俱增，两种思想流派出现了。让我们将这两大流派背后的群体分别称为怀疑派和支持派。

怀疑派认为，城市是破坏的代名词。城市用少数强悍的外来物种取代了种类繁多的本土物种。即使在人类的周边，这些外来物种也能大量繁殖，它们的存在对世界并无多大贡献，有时甚至会对我们的生活造成极大的负面影响。哪怕是在城市以外的范围，城市对资源的吞噬以及对自然栖息地的破坏也仍在继续。随着这一切的发生，我们的地球正变得越来越单一，也越来越乏味。城市中的野生动物或许有助于原始地区的保护工作及公众教育，但城市和居住在其中的大多数动物的生态价值并不高，尤其是与它们所造成的破坏相比。

支持派则主张城市是新出现的生态系统，它为居住在其中的人们提供了一系列关键的服务。城市中栖息着多样的野生动物，包括数百种濒危物种和迁徙物种。那些能在城市中繁衍壮大的动物是适应力和韧性的奇迹，它们值得我们去尊重。在这个日益被人类活动所塑造的星球上，城市环境就是未来的发展趋势。鉴于此，我们应该积极拥抱城市环境，从中学习并有意识地培育它。

本书从怀疑派和支持派两大群体中汲取见解和灵感，并由此得出结论：尽管与野生动物在城市中共存意味着挑战，但我们仍应该珍视并收容它们。本书并不偏袒任何一方，而是客观叙述我们是如何走到今天的，并解释了双方的观点，不仅涉及野生动物，也涉及我们自己。

任何一本关于城市野生动物的书籍都必须首先明确"城市"和"野生动物"这两个词的概念，而这两个概念远比我们所想的更难以定义。

城市对其所处的地区乃至全球的生态系统产生了深远的影响。截至 2020 年，地球上仅有约 2% 的非冻土陆地面积被城市占据，然而，许多城市仍在蓬勃发展中，尤其是在非洲和亚洲。城市已经容纳了全球 56% 以上的人口。在美国，约 83% 的人口居住在城市地区。在城市化程度最高的州——加利福尼亚，这一比例更是高达95%。尽管城市面积仅占全球陆地面积的一小部分，但由于人口众多，城市仍然消耗了大量的资源并产生了大量的垃圾。

随着时间的推移，城市的定义也在发生变化。在 20 世纪 40 年代，美国人口普查局将"城市"定义为人口超过 2 500 人的建制区域。1950 年，人口普查局引入了"城市化地区"这一概念，该词指的是任何人口达到 5 万且每平方英里（1 平方英里约等于 2.6 平方千米）居民密度达到 1000 人的连续区域。"大都市统计区"则是一个规模更大的区域，该区域需至少包含一个城市化地区，其周边的县也需要满足特定的标准。此外，非官方的研究人员也发展了一些对城市的定义，譬如利用卫星图像计算建筑和绿地的比例来界定城市。

对于野生动物而言，随着城市向外辐射延展，宜居程度却在不断提高。在市中心，人类无处不在，地表大多数区域都被人工设施所覆盖，只有少数坚韧的野生物种能在这样的环境中长期生存。相比之下，郊区人口密度较低，绿化覆盖率更高，野生动物从而获得了更多的机会，它们既避开了城市所带来的危险，又能利用城市所提供的丰富资源。在城市和荒野的交界地带，上述两大优势更是被进一步放大。城市的卫星区域可能与其所依附的城市相距数十甚至数百英里（1 英里约等于 1.6 千米），但两者之间仍然保持着紧密的联系。例如，大坝为遥远的大都市提供了水和电，在塑造城市的同时也改变了自然。一些几乎没人认为是城市的地方，包括像优胜美地山谷这样的旅游胜地，也同样具备许多与城市相关的典型特征，例如堆积如山的垃圾和拥堵的交通。我们往往把城市等同于陆地，但从纽约港到旧金山湾区再到佛罗里达大沼泽地，城市化已经大规模地重塑了水生栖息地，尽管这些变化很难被我们人类察觉。

本书所涉及的野生动物，主要聚焦在脊椎动物，包括鸟类、哺乳动物、鱼类和部分爬行动物。在城市生态系统中，昆虫、蛛形纲动物和其他微小动物扮演着重要的辅助角色。然而，由于篇幅有限以及我们对它们的了解仍尚浅，本书对这些动物将不做深入的探讨。同样不做过多讨论的还有一些我们较为熟悉的城市野生动物。松鼠作为主角在第三章"粉墨登场"，但乌鸦、鸽子、老鼠、臭鼬、负鼠和浣熊等动物也是重要的幕后成员。在本书中，主角大多被分配给了白头海雕、黑熊和海狮这样体形庞大、魅力非凡的物种。在 50 年或 100 年前，很少有人会料想到它们会在城市中繁衍生息。它们在美国城市中的出现提醒着我们：几十年前我们对它们的了解是多么有限，它们身上还有许多未知正等着我们去解开。

有些事情我们可能永远无法知晓。生态科学的一大讽刺之处在于，我们对大多数人类所居住的地方了解甚少。几十年来，大多数生态学家都忽视了城市中的野生动物，错过了收集基础信息数据和监测种群增长的宝贵机会。在过去二三十年中，我们对城市生态系统的认知虽然取得了长足的进步，但是由于起步较晚，关于过去的很多问题我们缺乏数据，从而无法给出令人满意的答案。当然也存在少数例外，最明显的便是鸟类，一个多世纪以来，大批爱好者持续关注着城市中的鸟类。本书将历史记录和科学数据相结合，基于访谈和实地观察，讲述了一个关于城市生态变化的故事。

当我们讨论城市中的野生动物时，有一件事情十分清晰，就是那些曾经遇见过野生动物的人，如今这几乎意味着所有的城市居民，无一例外地对此类相遇进行了主观的解读。城市中的野生动物经常被形容为疾病传播者、犯罪团伙、有色移民、狡猾的骗子、忠实的仆人、好邻居、正直的市民、坚韧的象征和希望的源泉。上述言辞更多时候反映的其实是表达者的立场，而非所描述的动物。

让我们以原生物种与外来物种为例。外来物种入侵已成为导致全球生物多样性丧失的第二大驱动因素，仅次于栖息地破坏。在某些情况下，区分原生物种和外来物种是有意义的，尤其是对于新引入的物种而言。然而，在城市环境中，这种区分往往变得缺乏实际意义。如果说城市是新颖的生态系统，考虑到北美最古老的城市也只有几百年的历史，即使某些物种可能已经适应了在城市中生活，但从更深层次的生态或进化角度来看，没有任何物种是城市的原生物种。城市坐落在原生物种会途经的地区，其中的有些动物或将停留并在城市中定居。城市还接纳了很多"新面孔"，其中一些物种引发了问题，另一些则找到了良性甚至有益的生态位。仅仅基于物种的来源来明确划分哪些动物属于城市，哪些不属于城市，这既不合理也不明智，还容易引发排外情绪。

野生动物在不同的美国城市中演绎着不同的故事。然而，一个共同的主题是：每个地方都会有赢家和输家。虽然城市可能成为某些动物的避难所，但对另一些动物而言，城市则令它们身陷困境。本书主要关注的是那些成功者，即那些拥有出色的繁殖和适应能力并生性勇敢的物种，这些特质使它们能够在城市环境中繁衍生息。但是，在本书所介绍的每个成功物种的背后，是许许多多未被提及的物种，它们正在或已经从我们的城市中消失。城市野生动物的管理者承担着保护工作中最艰巨的任务。与野生动物共存意味着我们不仅要赞美那些大多数人所喜欢的魅力物种，还要以人道的方式对待那些大多数人所不喜欢的常见物种，同时为那些陷入困境的物种提供它们所需的空间和资源。

现在，是时候在作决策时更多地考虑这些动物了。一些有远见的人和地区已经在这方面有所行动，其他人也应该加入他们的行列。正如接下来的故事所揭示的那样，影响野生动物生存的问题也在影响我们人类，一个城市所作的决策也会影响其他城市和地区，甚至包括遥远的自然保护区和荒野地带。我们今天的选择将深刻影响野生动物和整个生态系统，而所有这一切直接关乎子孙后代的福祉。

目录

CONTENTS

001　第一章　热点地区

015　第二章　城市农场

027　第三章　滋养自然

041　第四章　"斑比"浪潮

055　第五章　漫游空间

069　第六章　走出偏见

087　第七章　亲密接触

107　第八章　栖居之地

125　第九章　躲避与寻觅

147　第十章　令人不适的生物

165　第十一章　捕捉与放归

185　第十二章　危害管控

201　第十三章　快速向前

217　第十四章　拥抱城中野性

235　尾声　失去与复得

第一章

热点地区

　　　　　　　　　　　　　　　　城中自然 ｜ 偶然的生态系统

生态学家热爱自然保护区。在那里，野生动物纵情游弋，人类反而成了到访的过客，从表面上看，自然保护区的生态系统也相对完整。然而，随着自然界的方方面面都烙下人类社会的影子，这样的地方愈发成为个例，而非常态。如果想以一种不同的方式了解 21 世纪的野生动物，您并不需要去遥远的山脉或偏僻的荒野。相反，您只需搭乘耗时 25 分钟的史坦顿岛免费轮渡。

从下曼哈顿地区的怀特霍尔码头向南出发，渡轮行驶在我们星球上最城市化的水域之一。北面矗立着金融区的摩天大厦，其中包括庞大而压迫感十足的世界贸易中心一号楼。西面是自由女神像和埃利斯岛。东面是半人工岛屿总督岛，更远处则是纽约和新泽西港巨大的红钩码头。

不过，若仔细打量布鲁克林格林伍德公墓那绿树成荫的山坡，或视线穿过韦拉札诺海峡望向远方的下湾和大西洋，您将依稀捕捉到那曾辉煌一时的生态系统的"蛛丝马迹"。再垂头俯视，在蓝色的波涛中，久未露面的座头鲸和港海豹已在近年回归该片水域，一同回归的还有在上空盘旋的海鸥、燕鸥及鹗。

在欧洲人到来之前，我们现在称之为纽约市的地方曾经是生命的乐园。根据生态学家和作家埃里克·桑德森（Eric Sanderson）的估计，仅曼哈顿岛上就有着多达 55 个不同的生态群落，数量超过了同等规模的珊瑚礁或雨林。那里的草地、沼泽、池塘、溪流、森林和海岸线上生活着 600~1000 种植物和 350~650 种脊椎动物。

早期的游客和移民对纽约的野生动物叹为观止。大卫·皮特兹·德·弗里斯（David Pieterz de Vries）在 1633 年左右写道："狐狸和狼数量众多，野猫、黑如沥青的松鼠、灰色的鼯鼠、海狸、水貂、水獭、北美臭鼬、熊等毛皮动物不胜枚举。"还有人抱怨喧嚣的鸟鸣及蛙叫，以至于人们很难听见彼此的声音。然而，这种聒噪仅是一种小小的不便。根据 17 世纪政治家和商人丹尼尔·登顿（Daniel Denton）的说法，纽约肥沃的土地和温和的气候同时庇佑着人类和动物。

让我们将殖民时期的纽约与美国人目前的野生自然标杆——黄石国家公园比较一番。美国国会于 1872 年建立了世界上第一个国家公园——黄石国家公园，其初衷是保护该地区的自然景观和野生动物，同时吸引游客前往这个不同于纽约的，几乎没有其他经济前景的地区。作为美国最伟大的荒野奇观，黄石国家公园如今是联合国生物圈保护区和世界遗产，每年吸引超过 400 万名游客（大致相当于曼哈顿和布鲁克林居住人口的总和）。它也是美国本土 48 个州中为数不多仍保留全部原生动物群落的地区之一，其中的"居民"包括狼獾、灰熊、猞猁、加拿大盘羊、雪羊、马鹿、驼鹿、叉角羚和美洲野牛。

对于生态学家来说，黄石国家公园是天堂般的存在。自 1970 年以来，黄石国家公园在已发表的所有基于国家公园研究的同行评议文章中占据了三分之一以上的份额。然而，对于大多数实际生活在那里的动物来说，它并不是什么乐园。由于凛冽的寒冬、短暂的生长季、多岩石的地貌、贫瘠且呈酸性的土壤，黄石国家公园对于动物来说是一个艰苦的生存之地，尤其是与纽约这种曾经富饶、温和且遍布庇护场所的自然条件相比。19 世纪之前，几乎所有生活在黄石国家公园中的大型野生动物也曾栖息在气候温和湿润且资源更为丰富的地区，它们中的大多数之所以现在仍然生活在黄石国家公园中，并非因为这里是它们理想的栖息地，而是它们几乎没有其他地方可去。黄石拥有着巨大的自然价值，然而它之所以如此重要，并不是因为自然赋予了它生物多样性，而是因为人类选择保护它。

数字说明了一切。在欧洲人到来之前，曼哈顿这个仅有约 60 平方千米的岛屿所包含的物种数量大致与现在的黄石国家公园相当，而后者占地约 9065 平方千米，涵盖山地、峡谷、森林、草原等多种地貌。这意味着在昔日的曼哈顿，每单位土地面积上的动植物数量是今天黄石国家公园的 150 倍。如果当时欧洲移民想要保留北美的野生动植物，而非从中获利，他们完全可以在怀俄明州西北部建立一座大型城市，并在哈德逊河口设立一个国家公园。

纽约之所以蕴含如此丰富的生命，主要有几个原因。250 万年来，冰川削平了它的悬崖，圆润了它的山丘，翻耕了它的土地，并抛光了它的基岩，塑造出一个多样化的地貌。它位于中大西洋地区和新英格兰地区的交界处，是一个北方和南方物种重叠的生物学交汇处。它还跨越多种不同类型的栖息地，咸、淡水于此汇合，陆地、海洋于此碰面。阿迪朗达克山脉富含营养物质的径流汇入广阔的河口，在潮汐循环的作用下，径流滋养了动植物，为泥滩、湿地和海滩带去了沉积物。

人类也扮演了至关重要的角色。数千年来，德拉瓦人及其先辈在该地区狩猎、采集和捕鱼。他们一边管理和"塑造"土地，通过点燃灌木来刺激植物的生长并开辟野生动物的栖息地，一边季节性地迁徙以采集资源和寻求庇护所。考古学家一度以为，沿海的德拉瓦人就如同其内陆的阿尔冈昆语族亲戚一样依赖于南瓜和玉米等主食作物。然而，最近的研究表明，在如今纽约市所在的地区，自然资源曾异常丰富，富庶的当地人几乎无须耕作。虽然耕种仍属常见现象，但作物所提供的能量不及人们日常消耗总量的20%，其余能量则来源于他们所处的生态系统。

荷兰人于1609年抵达纽约并于1624年定居下来，他们对这一地区十分中意。这里拥有造船所需的木材，有可供捕获的鱼类及鲸群，有可狩猎的毛皮动物，这些都是支撑早期现代资本主义经济的原材料。这些移民也很快意识到了该地的区位优势，内陆河道和深水港口为集聚资源和开展内外贸易提供了极大的便利。纽约迅速成为北美和跨大西洋贸易的中心。至1790年美国第一次人口普查时，纽约已成为全美人口最多的城市。

纽约看起来似乎很特别（纽约人一定对此深信不疑），但它在生态丰富性方面并非是独一无二的。纽约周边的许多特大型城市，在生物多样性和生产力方面也许更胜一筹，因为它们拥有丰富的野生动物资源。

有几个因素可以解释这种生态丰富性和城市扩张之间的相辅相成。一些城市是建立在原住民定居点的位置上，这些定居点位置优越，可以获得食物、水和其他资源。例如，在加利福尼亚州（以下简称加州），从1769年开始，讲西班牙语的牧师、士兵和官员沿着海岸和附近的山谷建立了一系列传教所。这些殖民前哨站均位于原住民社区的周边，充分利用了其所在地宜人的气候、多样的动植物资源和全年稳定的淡水供应。在当地，淡水可是宝贵的稀缺资源。在墨西哥于 1821 年实现独立之后，村庄开始围绕着旧传教站逐渐形成，随后慢慢壮大为农业城镇，最终蓬勃发展成为城市。加州最大的 4 个城市，即洛杉矶、圣地亚哥、旧金山和圣何塞，都承载着这些原住民、传教站和村庄的历史渊源。

由于拥有翔实的生态历史记录，洛杉矶尤为值得一提。当牧师在圣盖博和圣费尔南多建立传教所时，他们不曾料想一个世纪之后，在仅仅二十几千米之外，农民、石油工人和古生物学家发现了世界上最大的化石宝库之一——拉布雷亚沥青坑。该处共出土了三百多万块化石，鉴定出的脊椎动物约有 200 种，它们无声地诉说着过去 5 万年间的历史。被埋葬的物种包括已灭绝的庞然大物，如哥伦比亚猛犸象和巨型短面熊，以及目前仍然"健在"的臭鼬和郊狼。这些动物之所以出现在那里是有原因的，洛杉矶盆地拥有温和的气候和多样的栖息地，为大量野生动物的繁衍生息提供了理想的条件。当最后一个冰河时期结束时，即使大部分的巨型动物早已从盆地中消失，此时的洛杉矶仍可谓是美国版的塞伦盖蒂平原。同纽约一样，洛杉矶也是生物多样性的热点区域。

即使当地的原住民数量很少或压根没有，美国的城市也倾向于在能为移民提供丰富自然资源的地区萌芽。有些城市直接就在这些资源之上发展起来，另一些则在非常近的地区出现并成为供应中心，还有些城市在战略要地上崛起，其居民可以从广大地区收集并加工资源。蒙特利尔和圣路易斯最初是毛皮贸易站；丹佛是附近落基山脉采矿业的中转站和补给站；通过从西部地区获取丰富的木材、牛肉和谷物，芝加哥成为美国 19 世纪伟大的新兴城市。

许多美国的大城市还建立在水上运输发达的区位之上。若没有途径把自然资源运到市场上，采集它们也就没有太大的意义。美国最古老和最大的都市大多在海滨地区兴起，超过一半的美国人仍然生活在离海岸线约 80 千米的范围内。受保护的河口地势高，适合建设，水深则适合航运，因此一些城市就选址在这些地区。并不位于海岸线上的城市往往通过内陆航道与海洋相连，匹兹堡和明尼阿波利斯就是最好的例子。

海岸线和河道不仅是城市的"宠儿"，它们还吸引了大量的野生动物。河口和三角洲尤其如此，它们将多种栖息地压缩进小片区域，不仅具有很高的生产力，还为洄游的鱼类、海洋哺乳动物和鸟类提供了重要的通道。诸如萨克拉门托和新奥尔良等城市，就正好位于这类潮湿的地貌之上。

可靠的饮用水源通常是决定定居点位置的另一大关键因素。以美国第五大城市同时也是第二干旱的大城市菲尼克斯为例。大约两千年前，霍霍坎人就在索尔特河沿岸修建了运河系统、农场和繁盛的村庄。后来的原住民重新利用了这些基础设施，建立了属于他们自己的蓬勃社会。1867 年对该地区的一段描述中提到："波光粼粼的溪流全年流淌，河岸长满了杨木和柳树；土地平坦，易于灌溉。史前人类的遗迹随处可见。地势较高处，地面上覆盖着一年生草本植物，这可是最优质的牲畜饲料。"水源和饲草吸引了各种野生动物，数百种候鸟，河狸等水生动物，马鹿、叉角羚等食草动物，更不用说作为捕食者的狼、美洲狮和美洲虎了。如今，沙漠城市菲尼克斯就在这片曾经郁郁葱葱、水草丰美的土地上延展扩张。

还有些城市则是建在难以驾驭的潮湿环境之上。迈阿密拥有得天独厚的地缘条件，广袤的湿地、辽阔的森林以及美国大陆唯一的珊瑚礁，但它也被"水"的问题困扰：东面是大西洋，西面是佛罗里达大沼泽地，头顶是令其成为美国雨量第二充沛城市的亚热带气候，脚下则是随着海平面上升而灌满了盐水的多孔石灰岩。随着1900年加尔维斯顿飓风将墨西哥湾沿岸的发展推向内陆，休斯顿逐渐成长为一个主要的大都市。数十年的肆意基建使得这个美国第四大城市极易遭受洪水的袭击，最近的例子便是2017年的飓风"哈维"。"哈维"带来的强降雨重创了整座城市，由于湿地早已被改造成了水库和建筑用地，成千上万的蛇、鳄鱼、浣熊和其他动物被冲到了市郊街区，它们提醒着休斯敦居民：至少在几天内，他们仍然要生活在河口地带。

另有许多城市的选址看上去似乎没有很好的生态理由，但它们通常也位于生物多样性十分丰富的区域。拉斯维加斯的存在依赖于科罗拉多河的水资源和由此产生的电力，同时也受益于美国政府提供的廉价沙漠土地。很少能有地方像拉斯维加斯一样代表着野性自然的对立面，然而拉斯维加斯拥有着一段与美国其他任何大城市都不同的自然志。在西班牙语中，"Las Vegas"意指当时该地区山谷底部的茂盛草场。它的气候比菲尼克斯更为干燥，但在城市开发之前，得益于附近的斯普林山，拉斯维加斯山谷坐拥着莫哈维沙漠中一些最可靠的淡水资源。拉斯维加斯所在的克拉克县拥有18个生态群落和至少233种受保护或受关注物种。值得一提的是，其中一些物种是该地区特有的，这使得克拉克县成为生物多样性的又一个热门区域。

上述的林林总总都表明了一个惊人的格局：在美国，主要城市多位于生物多样性高水平地区。截至 2020 年，美国的 50 个大城市中，有 14 个位于生物多样性"极高"的区域，而这些区域的面积占美国陆地总面积的比例还不及 2%。这些地区不仅是常住动物的家园，也是迁徙动物的中转站。许多鸟类的迁徙路线或平行于山脉，或沿着河谷及海岸线。在美国的 50 个大城市中，至少有 40 个位于北美七大迁徙路线的狭窄路径之上。举例来说，超过 260 种鸟类在迁徙时会途径曼哈顿，这也使得曼哈顿中央公园成为一个让人意外的著名观鸟胜地。

这一模式并非美国的"专利"，尽管它的适用性因地域的不同而有所差异。在全球范围内，大城市在其所在国家的生物多样性总量上的占比要远高于其在土地面积上的占比。以对城市生态系统研究最为深入的欧洲为例：在大多数欧洲国家，城市至少供养了其所在国 50% 的物种，即便它们在国土面积上的占比很少超过 30%。这一格局可能不适用于大多数热带地区，但即使在那里，我们仍能找到让人称奇的例子，如墨西哥中部或巴西大西洋沿岸的森林。

学者们对这一现象的理解有所滞后。就在几十年前，大多数生态学家还都不关注城市，他们更愿意在世界各地的保护区开展工作。经济学家只看到了城市中的原材料和战略性贸易据点；人类学家聚焦于城市所在地区的土著文化，而不是其生态系统，似乎两者毫无关联；历史学家则强调某些城市出乎寻常的选址以及导致城市兴衰的铁腕强人和偶然事件。而在地理层面上，他们不约而同地认为地理因素并非关键。

然而，地理因素却着实很重要。例如，受保护的海岸线、可通航的河道、可饮用的淡水、多元的栖息地和丰富的原材料等特征通常存在于生物多样性和生产力较高的地区。这些特征不仅维系了大量的野生动物，也为原生文化的繁荣提供了资源基础，同时还吸引欧洲人建立了定居点，其中一些定居点在日后发展成为繁华的大都市。

城市地区最初曾有着丰富的野生动物资源，但这一情况并未持续下去。城市对其赖以发展的陆域和水域产生了复杂的影响。随着发展的深入，通过引入新物种和创建吸引其他物种的新栖息地，城市不断丰富着自身的生物多样性。然而，大规模捕获有用的动物，消灭不受欢迎的动物，破坏或重新排列整个生态系统等行为也对城市中的原生物种构成了威胁。此类生态破坏甚至可以追溯到美国城市生活的早期阶段，即始于 17~18 世纪，并在 19 世纪随着工业化、全球化和城市人口增长而迅速加剧。数十年前吸引移民定居的富饶生态系统开始崩溃和坍塌。这一过程在不同的地方发生的时间不同。许多美国城市及其周边地区曾是北美大陆生物多样性和生产力最高的地方，但到了 19 世纪下半叶，这些地区已经失去了大量的本地野生动物。

北美人口稠密区的野生动物资源流失只是一个更大进程的一部分，而该进程在几个世纪前的欧洲就已启动。至中世纪后期，欧洲大部分地区的野生动物资源几乎因过度捕猎而耗尽。富有的地主们不得不设立私人保护区并颁布严苛的法令。鹿和野牛等可食用动物以及河狸和狐狸等毛皮动物在许多地区绝迹，森林砍伐使林地物种的栖息地被夷为平地，控制肉食性动物数量的措施则使得狼、狼獾、熊、猞猁和郊狼等动物从乡村地区消失。

水生物种也遭受了灭顶之灾。在公元 1000 年之前，欧洲消费的大部分鱼类都是当地品种，如狗鱼、鲈鱼和鳟鱼，这些鱼类生活在淡水溪流或沿海海域。之后的几个世纪里，随着挪威人、英格兰人、苏格兰人和荷兰人深入北大西洋，鳕鱼、鲭鱼和鲱鱼等远海鱼类被大量捕捞，这些富含蛋白质的食用鱼类通过腌制或晾干从而更易于保存。它们不仅改变了经济的格局，连通了遥远的地区，促进了人口的增长，同时还催生了一个反馈循环。到了 19 世纪中叶，北大西洋大部分的渔场已经崩溃。由于其肉、脂肪、皮肤、卵都有着巨大的市场需求，海洋哺乳动物和海鸟的种群数量也急剧下降。

到了 1600 年，欧洲人的猎杀行动已涌上北美大陆。河狸毛茸茸的外皮结实而柔软，足以经受毡制工艺的考验，这吸引了法国、英国和荷兰的猎人及商人，同时资助了多样化的本土劳动力，推动了经济全球化并促成了新的政治联盟。不久之后，猎人们也开始将其他动物的毛皮带到市场销售，包括狐狸、浣熊、美洲水鼬、渔貂、鹿，最终还有野牛和海獭。毛皮贸易虽未导致任何物种的灭绝，但在急于挫败竞争对手和满足城市需求的过程中，猎人和商人掏空了北美的大片区域。

剩下的野生动物发现自己被限制在日益萎缩和逐渐恶化的生态系统中。伐木工人和农民紧随猎人的脚步，前者砍伐、运输和加工树木，后者则大规模开垦土地用于耕种作物和饲养牲畜。野生动物被视为经济发展的绊脚石，遭受迫害，被驱赶至其分布范围最偏远的角落。美国东北部的森林是较早感受到这些压力的生态系统之一。在 1600 年至 1900 年期间，新英格兰地区的森林覆盖率从超过 90% 下降至不足 60%。一些适应更开阔地貌的物种因此受益，而那些生活在森林中的物种却数量暴跌。

湖泊和河流受到的冲击甚至比森林还要严重。伐木业和农业使得曾经清澈的水体变得浑浊不堪，有机物的汇入导致藻类暴发，水坝则阻碍了鱼类的洄游。制革等产业将营养物质、金属和化学品排入河流。未经处理的污水肆意流淌。湿地被抽干，河口被填平。近海污染威胁着海洋生物，由于当地居民对食用从有毒水体捕获的水产惶惶不安，渔民不得不前往更远的水域以寻找健康安全的鱼类资源。

海洋的情况也好不到哪里去：鲑鱼等洄游鱼类在许多区域濒临灭绝；到了 19 世纪末，曾经在波士顿、纽约、西雅图和旧金山周边海域随处可见的海洋哺乳动物已经难觅踪迹；大西洋灰鲸、海象、北象海豹和海獭从整个地区消失；南露脊鲸、加州海狮、灰海豹和几种海狗虽然在其分布范围内得以幸存，但数量却大不如前。尽管大部分的灾难发生在城市以外的区域，但是对海洋动物制品（如食用鱼和鲸油）的需求却越来越多地来自城市。

19 世纪末，美国数十种野生动物的种群数量与殖民前的规模相比已大幅下降，有些甚至跌至历史最低水平。尽管其中许多物种最终会重新回到像纽约这样的城市，但那也是家养动物主宰城市郊野之后的事了。

第二章

城市农场

城中自然 ｜ 偶然的生态系统

这本是属于 19 世纪的一幕，但却发生在了 21 世纪的纽约市中心。2017 年 10 月 17 日上午，一头毛茸茸的棕色小公牛从位于布鲁克林日落公园附近的一家屠宰场逃了出来。小公牛不愿接受自己的命运，它冲破了囚禁，一路向东闯入了小资咖啡店和高档素食餐厅林立的公园坡街区。很快，它又进入了展望公园，这是位于该区中心地段的一片占地约 2 平方千米的绿地。在接下来的 3 个小时里，小公牛在布鲁克林区肆意地驰骋。

除一名蹒跚学步的儿童因为被母亲拖着躲避公牛而弄伤了眼睛外，几乎未酿成其他严重后果。从直升机航拍的模糊画面来看，公牛先是小跑穿过了一片篮球场，几分钟后它在另一片球场停下了脚步，在那里，它隔着铁丝网注视着一群拿着手机的人类。

一位当地居民将整起事件形容为"虽然滑稽却棒极了"，另一位则声称自己处于"彻底的文化冲击"之中。一位在该街区生活了 40 年的居民表示之前从未见过牛在当地出没，她说："浣熊倒是有，但牛，真的没有。"

在最近的记忆中，这并不是公牛第一次在纽约的街头出没。一年前，也有一头公牛成功"越狱"，在被捕获前，它曾短暂"游览"了皇后区。调皮的当地人为它取名"弗兰克"，并呼吁对它宽大处理。喜剧演员乔恩·斯图尔特（Jon Stewart）和他的妻子特蕾西（Tracey，一位知名的动物福利提倡主义者）也介入其中，他们安排"弗兰克"在附近的动物医院接受检查，然后将其送往了北部的一个保护区。如今，从纽约市仅存的几家屠宰场逃出来的牛很少会再被送回到生产线上。

今天，一头公牛现身于美国主要城市的街头会让人眼前一亮，但在过去，情况却并非如此。在18世纪和19世纪，美国的城市中几乎没有野生动物，但家畜的数量却十分惊人。那时的城市居民需要鸡蛋、牛奶和肉类来满足一日三餐的需求，需要猪油来制作肥皂，需要动物毛皮来制造鞋子、夹克、皮带和马鞍。他们还需要家畜来运输货物和自己。在超市和工业农场出现之前，家畜在城市中成长和劳作，同时也在城市中被屠宰和食用，这些环节有时甚至在同一场所内进行。教堂、工厂和商店的周围分布着谷仓、马厩和牧场。随着美国城市人口的增加，役用动物的数量也随之增长，大多数城市居民每天都会与各式各样的农场动物打交道。这些动物提供了食物、动力、材料、肥料、交通运输，以及越来越多的陪伴。在大多数的家养动物被移出城市之后，野生动物才有机会重新回到城市。

1800年，只有6%的美国人，约32.4万人生活在城市中。这一数字大约和今天肯塔基州的莱克星顿市或加州的斯托克顿市的居民数量相当。当时，这些分散的城镇小而拥挤，尘土飞扬，树木寥寥。毫无意外的是，一些美国最具影响力的思想家对他们国家正在萌芽中的城市发表了不太正面的评论。例如，托马斯·杰斐逊（Thomas Jefferson）认为在称颂农业社会的同时抨击城市并无矛盾之处，即便他心爱的农民正将农产品销往城市。1787年，杰斐逊嘲讽道，"大城市暴民之于政府，就像溃疡之于人体"。几个月后，他在写给詹姆斯·麦迪逊（James Madison）的信中进一步阐述道："当我们像欧洲人那样都挤在大城市时，我们将变得像欧洲人那样腐败，并像他们一样互相残杀。"

除发表的言论略为惊悚外，杰斐逊在当时无比坚信这个言论。南北战争的爆发推动了美国东北部和中西部制造业的蓬勃发展，标志着美国城市化进程的真正起步。到了 1900 年，大约 40% 的美国人已经居住在城市中，而美国的城市人口每 25 年就会翻一番，一些城市的人口增速则更快。纽约市的人口从 1700 年的约 5000 人暴涨至 1900 年的 350 万人，增长了 700 倍，成为当时仅次于伦敦的世界第二大城市。在 1840 年至 1900 年期间，芝加哥从一个只有 4500人口、被称为"草原上的泥潭"的边陲定居点，发展成为一个拥有170 万人口的大都市。1847 年之前，旧金山甚至还不叫旧金山，它叫耶瓦布埃纳，一个破败的传教站和废弃的毛皮交易站，坐落在墨西哥遥远的西北边陲一座风吹日晒的半岛之上。到了 1900 年，旧金山的人口已经达到了 34.2 万，比一个世纪前美国所有城市的人口总和还要多。

如果必须为 19 世纪的美国城市环境选择一种代表性动物，那无疑就是马了。詹姆斯·瓦特于 1775 年获得了蒸汽机的专利并引入"马力"一词来衡量功率。一马力等于每分钟 3.3 万英尺磅（约每分钟 4.4 万焦耳），这是一匹强壮的马理论上一分钟所能做的功。在瓦特的时代，马是有生命的机器，它们在车间和工厂中与蒸汽机、水轮和其他机械装置并肩工作。马也是一种至关重要的交通工具，至少对于那些有经济能力来使用它们的人来说是如此。随着城市的发展，大量的非人力交通工具，包括马车、有轨电车和轮渡，加速了城市生活的节奏，连通了遥远的地区，推动了郊区的发展，并促使不同的社会群体按照阶级、种族、语言及民族等特征形成了社区聚居。

　　在 19 世纪的城市中，猪也是相当常见的。根据历史学家凯瑟琳·麦克纽尔（Catherine McNeur）的观点，人们对于这些肥胖牲畜的看法反映了各自的社会地位。精英阶层倾向于将它们视为"行走的下水道"、传播疾病的媒介和美国落后的象征。然而，对于穷人和移民来说，猪的实际作用则更为显著：它们是"一站式工厂""垃圾桶"和"回收箱"。在人类设立环卫工人这个职业抢走它们的"饭碗"之前，猪还清理着街道上的垃圾。当困难时期来临，比如美国第二次独立战争和紧随其后的经济萧条，养猪户不仅可以宰杀并食用猪，还可以将多余的部分卖给市郊的加工厂。"猪猪储蓄罐"用来形容当时的猪，可谓恰如其分。

　　奶牛在城市中的生存历史与人类一样悠久。在中世纪和早期现代的欧洲城镇，为了放牧奶牛，人们保留了大片的公共区域。这一传统在美国的城市中也一直被延续至南北战争之后。1870 年至 1900 年期间，许多城市相继通过法令禁止露天放牧，但奶牛仍然在城市的牲口棚和居民后院中生存到了 20 世纪。以西雅图为例，直到 1900 年，市中心四分之一的家庭仍然饲养着奶牛。

　　在 19 世纪的美国社会中，狗扮演着与今天截然不同的角色。在 19 世纪之前，大多数家庭中的狗都是具有具体任务的工作犬：猎犬、牧羊犬、雪橇犬、看门犬和灭鼠犬。然而，这些只是庞大总量中的一小部分。彼时，大多数的狗仍然生活在户外且没有明确的主人。"流浪汉"这一充满贬义的标签不仅适用于居无定所的游民，也同样适用于犬类，它们在美国的城市中流浪乞食，同猪、羊、老鼠和人类一同在垃圾堆中谋生。一些狗戴着项圈，说明它们并非无主之犬，但当时大多数的家庭犬只也都夜宿户外，白天则自由游荡。

"城市动物园"中的生物数量之多令人惊叹。到了 1820 年，纽约市至少有 2 万头猪和 13 万匹马。尽管估算狗、猫、鸡、羊、火鸡和鹅的数量较为困难，但当时的记载表明它们几乎无处不在。同样无处不在的还有它们的养殖设施。桑伯恩地图公司绘制的 1867 年版波士顿地图上标注出了 367 个马厩。这些木制建筑中约四分之三的个体超过一层楼高，这使得它们成为 19 世纪城市中的危楼。

城市动物似乎还消耗了无尽的食物。例如，一匹马每年大约需要 3 吨的干草和 1 吨的燕麦作为食物。在城镇的公共区域，一头奶牛通常至少需要约 8000 平方米的放牧土地。在当地的法令将它们限制在牲畜棚和居民后院之后，一头奶牛每天至少要消耗约 13.6 千克的干草。至于猪和狗，它们往往四处觅食，但也会乞讨和偷吃食物。

吃进去，就要排出来。一匹重型挽马每年排泄约 7 吨的粪便。粪便堆积在街道上，堵塞了排水沟，吸引了大量的苍蝇。推铲聚集后，这些粪便在烈日下被暴晒，在寒冬中被冰封，在下雨天更是会渗出令人作呕的液体。但是，它们也具有经济价值。园丁们长期将它们收集起来作为肥料。到了 1800 年，美国各城市纷纷与收集粪肥的公司签订独家合同，并将粪肥按质量分级出售。在 1842 年的曼哈顿，30 美分可以购买一车约 14 蒲式耳（1 蒲式耳质量为 27.2 千克）的粪肥。到了 1860 年，长岛铁路每年向周边的农场运送超 10 万车的粪肥。

同粪便一样，动物尸体也是令人又爱又恨。到了1850年，纽约的屠夫们每周要合计宰杀多达5000只羊、2500头奶牛、1200头牛犊和1200头猪。城市中的动物也会因虐待、疏于管理、过度劳累、疾病、衰老或受伤而死亡。在混乱的19世纪街头，以上情况可谓司空见惯。然而，也没有什么是最终被浪费的，炼油厂将骨头、脂肪和内脏熔化，制成肥皂和动物油脂；工厂用骨头制造牙刷和纽扣；建筑商将马鬃掺入石膏，以提高石膏的韧性和耐久性；提炼厂则用血液和骨头对糖进行提纯。作为最脏乱的动物加工场所之一，制革厂使用化学品和粪便将生皮鞣制成革。

城市居民对于动物最常见的抱怨便是它们的气味。19世纪的城市臭气熏天。有时，这种臭味达到了末日程度，1858年的"伦敦大恶臭"和1880年的"巴黎大恶臭"就是鲜活的例子。在细菌理论于19世纪80年代和90年代获得广泛认可之前，美国人将难闻的气味与瘴气联系在一起。他们认为，这些恶臭的气味能够将腐烂有机物中的疾病传染给人体。在饱受霍乱、黄热病、伤寒等可怕疾病肆虐的城市中，这些令人作呕的气味似乎具有致命的威胁。1846年，英国著名的卫生学家埃德温·查德威克（Edwin Chadwick）在为人民大众发声时写道："所有臭味皆为疾病。"

很少有地方能像大热天里的一汪死水那般散发着恶臭。在纽约市，化学品和有机废物的有毒混合体未经处理就被排入池塘、河流和海湾，并在那里随着潮汐来回波动。1862年，春季的融雪未能冲刷净芝加哥河中淤积了6个月的污物，这使得当地的居民不得不应付河水中超过8万头牛和40万头猪的血液和内脏。在这潭"大杂烩"中，水似乎只是一个次要成分。成千上万的居民签署了请愿书，声讨这熏天的有毒恶臭。《论坛报》则将造成这一切的涉事企业称为"反人类的罪犯和疾病的制造者"。

城市居民也意识到动物可以直接传染疾病，尽管他们并不清楚具体的传染机制。如今，我们知道人类与家畜有着数十种共患疾病。而在19世纪，其中的许多疾病甚至还没有名字，却在拥挤和不卫生的条件下肆意地传播着。

如此多的威胁和烦恼都与城市中的家养动物有关，关于在哪里饲养它们、如何使用它们以及谁可以拥有它们的问题上，分歧也不可避免地产生了。意见相左的双方来自不同的社会阶层。富人和权贵认为，现代城市不需要也没有足够的空间来容纳成千上万的役用动物，而穷人以及依赖动物为生的工人阶级则站在了他们的对立面。

关于家养动物的争论反映了公众对于社会秩序更广泛的焦虑。当改革派抨击城市中的动物时，他们是在表达对城市化、工业化和移民的担忧。他们声称自己想要提供帮助，同时也相信自己确实在这样做。然而，他们的解决方案往往伤害了那些已经受到伤害的人，而民族刻板印象和寻找替罪羊的做法则给改革平添了几分压迫主义的色彩。

役用动物逐渐淡出美国的城市有多方面的原因。虽说马曾经是不可或缺且无处不在的，但人们逐渐意识到，对于现代城市的需求而言，马并不是一个可行的解决方案。它们太易受惊，也很危险，还容易受伤和生病，而且在紧急情况下（比如应对火灾）也不太可靠。由电力和石化燃料所驱动的机器,包括蒸汽机、汽车和火车,之后逐步取代了马的许多工作。在 1930 年美国马协会发布的报告中显示,仅机动车和卡车的广泛使用就导致美国的马匹数量减少了 77%。如果没有这些机器替代,马的数量预计将达到 650 万匹,而当时的实际数量仅为 150 万匹。

与马不同,关于猪在城市中地位的争论是喧嚣、情绪化甚至暴力的。从 19 世纪 20 年代开始,纽约市试图逐步淘汰自由放养的猪,改由人工清扫街道,猪的所有者们立即发起了反击。在 1832 年和 1849 年的霍乱疫情期间,反对猪的势力进一步增强。紧张局势在 1859 年的"猪猡战争"中爆发。在冲突中,9000 头猪丧生,3000 个猪圈和 100 个锅炉被摧毁。1866 年,纽约市禁止将猪自由散养,但一些居民直到 19 世纪 90 年代仍然抵制着这项法律,他们采取非暴力的抗议手段将自己的猪藏匿起来。

奶牛在大多数城市中存在的时间要比猪长,但与移民之间的联系也使它们成为被攻击的目标。1871 年的芝加哥大火烧毁了约 8.5 平方千米的土地,摧毁了 17500 栋建筑,并导致至少 300 人死亡。事故发生的几天后,报纸报道称,该市近西锡德地区的凯瑟琳·奥利瑞(Catherine O'Leary)所饲养的一头奶牛在一个满是干草的谷仓中踢翻了一盏煤油灯,从而引发了这场火灾。经过调查,官方证实奥利瑞一家在整起事件中并无过失。一名撰写该新闻的记者事后承认,是他和他的同事捏造了相关的报道。然而,这个由偏见所助长的谣言却长期存在。奶牛也日益被视作城市地区的危险"居民"。不过,由于奶牛提供了易腐败且不可或缺的液体商品——牛奶,它们在美国城市中的数量仍相当可观。直到 20 世纪 20 年代，当冷藏箱车等运输工具的出现将每日送奶变得经济、安全和便捷时，奶牛才逐渐从城市中消失。

狗的情况就有所不同了。对狂犬病这一当时最可怕的传染病的恐惧，促成了宠物的拴链和口罩法规，也酿成了针对流浪狗的暴力运动。例如，在 1848 年对狂犬病大恐慌的背景下，费城、波士顿、纽约和其他一些城市相继发起了针对狗的"战争"，这实际上是一场大屠杀，参与者包括赏金猎人、义务警员和激进的儿童。然而，与猪不同的是，狗有着多元且强大的支持者，下至猎人和饲养者，上至企业家和政治家。随着时间的推移，关于狗的争论也从狗是否应该生活在城市中转为如何让它们生活在城市中。即使大多数的家养动物都退出了城市的舞台，但狗仍然留了下来。

到了 20 世纪初，狗在美国城市中的地位发生了明显的变化。早期的郊区居民开始为他们的狗做绝育手术，晚上和冬天也会把它们带进屋内，用特殊的食物喂养它们，带它们去看兽医，繁育它们，成立育犬俱乐部，牵着它们散步，训练它们，同它们一起睡觉，甚至将它们的尸体埋葬在宠物公墓并在墓志铭上称它们为至亲的家庭成员。狗，从"流浪汉"、道德败坏和社会混乱的象征，逐渐转变为核心家庭成员的标志。就在维多利亚时期的社会构建"童年"这一现代概念的同时，狗仿佛也变得不再像是任性的成年人，而更像是早熟的孩子。

民间团体也在推动这一变革。1866 年，美国爱护动物协会在纽约成立。该协会吸纳了废奴主义者以及妇女俱乐部、禁酒社团和教会团体的一些成员。他们中的许多人不仅担心动物受虐，还担忧虐待动物的行为会对施虐者产生不良的道德影响。到了1874年，在当时美国的37个州中，已有25个州设立了爱护动物协会的隶属分会，其中的许多分会拥有照顾流浪动物、调查指控、签发传票，甚至实施逮捕的法律权力。

尽管耗时几十年，维多利亚时期的城市农场最终还是退出了历史的舞台。南北战争后，退伍军人将战场上的实用技能带回故乡，其中就包括与医学、健康和公共管理相关的经验。他们中的一些人在州和地方机构谋求到了工作。1866年成立的纽约市大都会卫生委员会就是一个很好的例子，这些老兵在那里起草并执行公共卫生领域的法规。专家们很快在美国各个城市开展工作，绘制所谓的"臭味地图"，记录危险设施，并标记需要清理的地点。起初，这样的机构大多权力有限，但随着整洁和秩序感逐渐成为一种市民信仰，它们的权威性也愈发增强。到了1920年，连曾经被称为"宇宙的粪堆"的纽约也摇身成为卫生模范城市。

随后的几十年在美国历史上具有非常独特的地位。1920年，美国的城市人口首次超过了总人口的一半。尽管城市中的人口众多，但生活在那里的动物，无论是野生还是家养动物，数量相比之前或之后的任何时期都要少。这一动物匮乏的时代定义了大多数美国人对城市的看法，或者至少是对城市应该是什么样子的看法：一个为人类设计并由人类居住的干净、现代的空间。然而，即使美国人开始将城市视为一个几乎没有动物的空间，悄然发生的一些变化最终还是会促使许多野生动物重新回归。

第三章

滋养自然

　　　　　　　　　　　城中自然 ｜ 偶然的生态系统

1856 年 7 月 4 日，《纽约每日时报》发文称，在曼哈顿的市政厅公园附近出现了一位"不寻常的访客"。目击者表示，这个奇怪的动物先是从笼舍逃脱，然后通过公寓门上的一道裂缝溜至屋外。它顺着楼梯从四楼快步而下，接着穿过百老汇，跃入了市政厅公园并最终爬上了附近的一棵大树。它的出现吸引了大批的围观者，并在纽约最繁忙的街区引起了一阵骚动。事件的主角是一只胖乎乎的东美松鼠。

这只在独立日奔赴自由的松鼠引起了广泛的社会关注，尽管原因在现在看来有些不可思议，但在 1856 年，曼哈顿并没有野生的东美松鼠种群。虽然当时的曼哈顿拥有数以万计的农场动物，但除鸽子、老鼠和海鸥外，野生动物几乎难觅踪迹。在之后的几十年里，城市中的学者、规划师和设计师们将帮助美国的城市实现现代化。他们的目标是让城市更加清洁、环保和健康。但在现代化的进程中，他们也创造了一些条件，使得包括东美松鼠在内的一部分野生动物得以回归。

如今，东美松鼠在许多地方都很常见，所以很难想象当时美国大部分城市都没有它们的身影。东美松鼠原产于美国东部和中西部的森林，以耐寒性、杂食性、强大的繁殖能力、长寿及亲近人等特点而闻名。它们还是一大关键物种，一边供养着数十种肉食性动物，一边通过储藏数以百万计的坚果和种子来维护它们所栖息的森林。可以说，东美松鼠是一种身形小巧但影响巨大的动物。

在欧洲人到来之前，东美松鼠曾广泛分布于北美洲东部地区。然而，在 17~18 世纪，它们的种群数量经历了急剧的下降。砍伐森林导致它们的栖息地被夷为平地，而狩猎以及将它们视为有害生物的做法则直接造成数千万只东美松鼠丧生。到了18世纪末，它们已经变得非常稀有，常被当作珍奇的宠物来饲养。1772年，本杰明·富兰克林（Benjamin Franklin）因为这一典型的美国物种在野外消失而深感悲伤。他甚至为一只名为"Mungo"的宠物东美松鼠发表了悼词。这个小家伙在一场横跨大西洋的旅途中幸存了下来，但又最终丧命于英国猎犬之口。之后的数十年里，东美松鼠一直都是备受欢迎的宠物，这也解释了本章开头的那一幕。

19世纪40年代，东美松鼠重新现身于费城和波士顿等城市。根据历史学家埃蒂安·本森（Etienne Benson）的观点，这些城市的居民引入东美松鼠是为了美化和活跃他们那新建的公园和广场。然而，由于公园和树木的数量仍十分有限，无法支撑大多数树栖动物的种群，早期的引入尝试大多以失败告终。

人们对于与东美松鼠和谐共存这件事缺乏信心，他们开始争论东美松鼠对社会有哪些贡献以及人类应该如何对待它们。反对者主张它们是有害生物，支持者则认为与这些迷人而勤劳的小动物为邻会激发人类的善良与怜悯之心。博物学家弗农·贝利（Vernon Bailey）将东美松鼠总结为"几乎是我们最熟知且最喜爱的本土野生动物。它们非常聪明，但又不是特别野性，能够接受并欣赏我们的热情和友善"。在贝利看来，一个好的城市物种就是要聪明、友好并相对温顺。

到了20世纪初，东美松鼠们开始"卷土归来"。随着美国的农业中心迁往中西部地区，东北部的废弃农场逐渐恢复为森林，松鼠也得以回归这些区域的农村地区。同时，低密度的住宅开发和植树造林计划创造了绿树成荫的郊区环境。人们也开始将东美松鼠重新引入它们曾经的栖息地，甚至还将它们送到了之前从未触及的远方。很快，这种动物不仅出现在旧金山和洛杉矶等美国西海岸城市，还现身于英国、意大利、南非等海外地区，甚至在亚速尔群岛、加那利群岛、百慕大群岛和夏威夷岛等偏远海岛上也能发现它们的身影。

促使东美松鼠在美国城市中繁衍壮大的努力耗时 1 个多世纪。大约从 1860 年开始，市政学者、设计师和规划师们不仅开始改造美国的城市，还开始教育美国人什么是现代城市。

19 世纪末和 20 世纪初，一流的市政学者、设计师和规划师都在以各种方式回应他们所目睹的维多利亚时代城市中的不公正现象，包括犯罪、脏乱、贫困、疾病、动荡、拥挤和令人窒息的臭味。他们希望将城市重新塑造为干净、受控、有序的人类空间。在付诸实践的过程中，他们帮助引导了一系列根本性的社会变革，具体涉及人口、移民、技术、消费、工业化和郊区化。

伴随各种变革而来的是问题和可能性。对于马克思主义者来说，维多利亚时代城市问题在于工业革命所导致的劳动力和资本的重组。对于不断增长的公务员队伍来说，城市问题源于官僚主义体制，包括资金短缺和公民能力不足。对于浪漫主义的评论家来说，问题即城市本身。他们认为，乡村生活培育了道德品格、家庭纽带、传统的性别角色和健康的身体，而城市生活则几乎相反。

解决问题的方法之一是让人们走出城市。在 20 世纪初的几十年中，得益于马车及之后的有轨电车，公共交通变得更为便捷。这一变化不仅使得城市居民更容易到访乡村，而且也促进了早期城郊住宅区的发展。然而，受益者群体仍主要是富人。由于大多数的城市居民缺乏搬迁至乡村甚至前往乡村的手段，规划者开始思考如何将乡村的人引入城市。

改造城市运动中的一位标志性人物是弗雷德里克·劳·奥姆斯特德（Frederick Law Olmsted）。奥姆斯特德1822年出生于康涅狄格州，他后来成长为美国历史上最著名也是最多产的景观建筑师之一，设计了许多深受市民喜爱的公园。奥姆斯特德主张公园具备多重的城市功能。通过提供清新的空气和锻炼的场所，它们改善了公众的健康状况，并且提醒城市居民大自然的奇妙之处，它们向游客宣传参与式民主公民的价值，它们鼓舞了人们的精神，它们提升了房产的价值，它们还为社会的紧张局势提供了宣泄的途径。

与奥姆斯特德将焦点放在公园和校园等独立项目上不同，埃比尼泽·霍华德（Ebenezer Howard）提出了更为广阔的城市愿景。霍华德早年从英国移居美国，在内布拉斯加州务农失败后转行写作和设计。受19世纪90年代无政府主义运动的启迪，他勾勒出了他所谓的"花园城市"。霍华德的草图由同心圆和辐射状的线条构成，包括中央公园、城市核心区和远离中心的乡镇等区块，乡镇之间由农场分隔但可通过高速交通干道互相连接。他的设计布局在形式上是物理的，但最终目标落脚在重新建立人与自然、与彼此、与自我之间的联系。在花园城市中，人们既可以行使个人自由，又可以同时参与到自愿、独立的社区之中。

20世纪，一些城市思想家从基于自然的设计理念转向信奉生态隐喻。1925 年，社会学家罗伯特·帕克（Robert Park）认为城市就像生态系统，也经历着生长和衰败的生命周期。对帕克来说，规划者的角色类似于保护主义者，他们的任务是滋养城市资源，同时顺应自然规律。激进的社会评论家简·雅各布斯（Jane Jacobs）也持有相同的观点。从 20 世纪 60 年代开始，雅各布斯认为城市应当且只应当服务于人类。然而，在 2001 年的一次采访中，她对自己的职业生涯进行了回顾，她用"生物量"的概念来思考城市。生物量是指一个地区内所有植物和动物的总量。她认为：能量并非只从城市群落中流失，而是在群落中被反复利用，就像雨林中某些生物体的废弃物被该地其他生物体利用一般。

根据雅各布斯同时代的、在苏格兰出生的景观建筑师伊恩·麦克哈格（Ian McHarg）的说法，城市规划师不仅需要巧妙运用生态隐喻，还必须在实际生态系统的物理限制下开展工作。在 1969 年出版的《设计结合自然》一书中，麦克哈格详细描述了自己绘制景观地图、评估风险和资源，并遵循生态学原理来精心设计绿色社区的过程。麦克哈格还开创了"多边形叠加"法。该方法利用空间数据集叠加的方式，作为地理信息系统的基础。他的工作对于生态恢复和环境影响分析等领域的发展都埋下了伏笔。

在美国早期的城市规划中，奥姆斯特德、霍华德、帕克、雅各布斯和麦克哈格提出了一系列卓越的理念和方法。然而，这一领域几乎所有最受赞誉的人物都有一个共同点：他们忽略了动物。这些思想家们深知动物对于生态系统的重要性，例如，奥姆斯特德就认为鸟类和啮齿类可以帮助贫瘠的森林实现再生。然而，城市是重要、多元化且充满活力的野生动物栖息地的概念却未被这些城市规划和设计领域的精英们所理解。

现在看来，这一切都情有可原。在 19 世纪到 20 世纪初，美国城市中几乎不存在野生动物。因此，这个时期的城市思想家们认为，没有理由将野生动物纳入他们对于城市规划的理论或设计之中。同时，由于没有人预料到许多野生动物又会回归城市地区，所以自然也不必为实现人与动物的和谐共存进行规划。即使全力搜寻，也很难在 1960 年之前的美国城市规划的文献中找到任何关于野生动物的内容。

早期的城市规划理念最先在公园中得以实施并且效果有目共睹。南北战争前，像"独立日松鼠事件"的发生地——纽约市政厅公园这样的公共绿地是罕见的。在大多数城市中，最大的绿地就是那些用于放牧牛群的公共区域，此外就是墓地，但大多数墓地位于小块的土地之上，而且变得日益拥挤。这种情况在第一座大规模的田园公墓出现后发生了改变。1831 年，马萨诸塞州园艺协会在紧邻波士顿的剑桥和沃特敦建立了奥本山公墓。之后的岁月里，占地 0.7 平方千米，由起伏的丘陵和繁茂的树木所组成的奥本山公墓不仅是逝者的长眠之地，还成为一片公共绿地、一座历史地标、一个供实验研究的花园和著名的植物园。

第一批新式的城市公园于几十年后出现。1858 年，奥姆斯特德和他的合作伙伴卡尔弗特·沃克斯（Calvert Vaux）赢得了一项设计竞赛，获准为后来的中央公园规划设计方案。当这对搭档首次参观公园的拟建场地时，迎接他俩的是坚硬的土壤、裸露在外的岩石、

　　　　　　　　　　　　　城中自然 | 偶然的生态系统

浑浊的沼泽和被夷为平地的森林，人工建筑则包括居民住宅、农场、制革厂、垃圾场、破败的工厂、乌托邦式的村落和著名的黑人定居点——塞内卡村。回忆起这个场地在重新设计和开发之前的状况，奥姆斯特德表现出了他那个时代的精英们所普遍拥有的厌恶之情。他表示："我之前并未意识到这个公园将建立在一个如此肮脏的地方。事实上，低洼地区浸泡在猪舍和屠宰场等设施所排出的污物之中，臭味令人作呕。"奥姆斯特德和沃克斯的设计方案构想了一个以树木和草地为主的田园景观，旨在鼓舞、启发和教育前往的参观者，虽然该地的居民将被迫搬离，但一种温顺且几乎没有动物的自然形态将在此得以孕育并茁壮成长。

受到中央公园等具有远见的项目的启发，其他城市也很快开始竞相聘请最负盛名的公司来策划最佳的设计方案。其中许多项目不只限于单一的场所，而是包括林荫大道、园林系统，甚至城市的规划。奥姆斯特德的公司在几十年里一直是业内最活跃和最具影响力的存在。该公司不仅在波士顿、布鲁克林、水牛城、芝加哥、路易斯维尔、密尔沃基和蒙特利尔等地设计了公园，还参与了斯坦福大学、加州大学伯克利分校、芝加哥大学和美国国会大厦的部分场地的规划设计。

与大多数公园规划者一样，奥姆斯特德也痴迷于自然。他的公司经手的许多项目都塑造出了一派田园风光，既具备草原风情，又融合了西欧的乡村特色，包含了树林、池塘和丘陵等景观。其他一些项目则展现了美国西部典型的壮丽地貌，从尼亚加拉大瀑布到华盛顿大学，他的公司模仿或强调着野性自然的雄伟，赞美着一种理想化的西部边疆气质，而真正的边疆在当时已逐渐沦为传说。

奥姆斯特德的规划需要大量的时间、精力和资金来使目标场地贴近自然。他抹去了先前人类居住的痕迹，避开了大部分的人工建筑，同时抵制了动物园和游乐场等景点。然而，这只是小把戏，真正的大工程是在模仿自然的过程中，奥姆斯特德移动了成吨的土壤，改变了水道，铺设了步道，架起了桥梁，并且种植了成千上万棵树木。

树木，至少是数量如此巨大的树木，成了美国大多数城市的一大新特色。在早年，大多数现代城市都罕有行道树。18 世纪，权威人士对种植行道树的想法嗤之以鼻，居民们认为树木只会带来麻烦，保险公司则拒绝为附近有树木的房屋提供火灾险，政治家们也将种植树木视为一项无谓的开支。1782 年，宾夕法尼亚州立法机构甚至通过了一项要求移除费城（当时美国最大的城市）所有行道树的法案。该项工作至今仍未能完成，部分要归功于由本杰明·拉什（Benjamin Rush）所领导的一场基层运动。拉什不仅是一名医生，还是一位教育家、政治家和社会改革者。他创立了一家保险公司，专门为那些房屋紧邻树木的房主提供保险服务。

到了 1850 年，大众对行道树的态度发生了转变。改革派认为树木改善了公共健康并提升了房产价值，设计师们则要求在新的城镇广场和大道两侧种植树木。到了 19 世纪 80 年代，树木已成为现代城市生活中不可或缺的一部分，植树更是成为公民自豪感的体现。今天，从亚特兰大到西雅图，许多美国大城市里的都市森林都是这一时期的产物。

与此同时，现代式动物园、自然博物馆和植物园也开始在美国各地的城市中涌现。创立这些机构的捐赠者们希望它们能够培养公众对于自然的敬畏感和责任感。虽然他们的愿景带有帝国主义、家长主义，有时甚至还有种族主义的色彩，但公众仍纷纷涌向这些场所。八小时工作制以及周末休息制度的出现使得城市居民获得了更多的闲暇时光，而不断增长的工资则意味着更多的收入可用于休闲消费。不过，人们前往这些地方也是因为渴望与自然世界重新建立联系，他们被边疆地区的浪漫所吸引，对壮观和奇异的景色深深着迷。

维多利亚时代的动物园、花园和博物馆旨在教育和启发游客，但它们也传达了混合的信息。在动物园和博物馆宏伟的场景下，游客们收获了刺激的体验，他们中的大多数人没有机会在野外看到狮子、老虎，甚至是熊。只是，这些机构也明确表示野生动物应该属于野外。在城市中，野生动物唯一的归宿就是被囚禁在牢笼中或是被制成模型陈列。

在此期间，城市开始在市郊建立保护区。其中最著名的是库克县和莱克县的森林保护区，两者共同在芝加哥外围构成了一弯巨大的"绿色新月"。1913 年，在森林和开放空间倡导者们十多年的努力下，伊利诺伊州立法机构通过了《库克县森林保护区法案》。该法案旨在保护该地区的动植物和自然景观，以供公众教育、娱乐和休闲之用。今天，上述两县管理着大约 405 平方千米的保护区，里面生活着那些在芝加哥市区或中西部农场难得一见的野生动物种类。

为了满足居民的饮用水需求，其他一些城市则在相对较远的地方建立了水源保护区。这些区域本质上类似于自然保护区。1832年，霍乱导致纽约市有3516人丧生，人数约占该市当时人口的2%。在疫情的连续肆虐之下，纽约开始在其北部地区寻找水源。1854年，英国医生约翰·斯诺（John Snow）证实了伦敦的霍乱疫情是由一口被污染的水井传播的，水源污染与霍乱之间的关联直到那时才最终被确认。疫情期间，干渴的霍乱患者对水的迫切需求加强了一种长期以来的观念，即当地的水资源已不足以支撑纽约的发展需求。1842年，纽约在其北部与康涅狄格州的交界处、距离市中心约35千米的地方建成了第一座乡村水库。此后，另两座水库分别于1915年在卡兹奇山和1950年在特拉华河流域投入使用。

上述模式迅速在全美兴起，各大城市纷纷开始寻找永久的淡水资源，有时甚至远至数百千米之外的湖泊和河流。尽管这些遥远的水资源看似与城市中的野生动物没有直接的联系，但实际上它们在许多方面交织在了一起。尽管城市在某些水道上修筑大坝、将污水排放其中，改变甚至填平河道，但对于一些特定的水域，城市却采取了严格的保护措施以防止污染。然而，坐拥遥远的水资源使得许多城市可以肆无忌惮地污染本地的河流，即便居民们不得不从远方引水来灌溉草坪和花园。这些变化对环境中的所有动物都产生了影响，包括一些候鸟物种，它们在长途迁徙的过程中也受到了城市活动的干扰。

到了第二次世界大战时，美国各地城市已经纷纷建起了公园、栽种了数百万棵树木，并设立了森林及水源保护区。上述诸多因素整合起来使得许多城市及其周边地区出现了大片的绿化区域，进而

城中自然 | 偶然的生态系统

为东美松鼠这样的动物重新提供了繁衍生息的机会。之后的几十年里，上述变化促使其他许多动物，包括一些在当地不曾见过的新物种以及部分体形更大也更强壮的动物，能够回归城市并在那里生存和繁衍。东美松鼠只是首批重返美国城市核心地带的野生动物之一，其他物种也紧随其后。

第四章

"斑比"浪潮

1942 年 8 月，美国参加第二次世界大战 9 个月后，华特·迪士尼制作公司在曼哈顿的无线电音乐城首映了他们的第六部长篇电影。借助之前上映的《白雪公主和七个小矮人》《木偶奇遇记》和现代主义经典作品《幻想曲》的成功，这部新电影的预告片大胆宣称："世界上最伟大的故事讲述者将最伟大的爱情故事搬上大银幕。"播音员继续说道:"《小鹿斑比》证明了爱情可以充满欢笑。"

尽管首映票房惨淡，但战后的 6 次重映使《小鹿斑比》成为当时最赚钱的电影之一。直到 1966 年，它仍然高居美国历史票房的第四位。到了 1989 年，当迪士尼发行《小鹿斑比》的家庭录影带时，它的收入已经是同在 1942 年上映的著名电影《卡萨布兰卡》的 10 倍以上。

《小鹿斑比》不仅仅是一部关于讲述呆萌动物、春天花朵和青春暗恋等轻松故事的电影，它还是美国有史以来相当具有影响力的电影之一。它利用前沿的动画技术和多层次的叙事手法，从自然、社会和美国文化等领域汲取灵感，为动物题材的影视新类型开辟了道路。《动物星球》《帝企鹅日记》《海底总动员》《鲨鱼周》《地球脉动》，所有这些耳熟能详的作品都是在《小鹿斑比》的基础上发展起来并从《小鹿斑比》的成功中获益的。

《小鹿斑比》是一部富含深度、抱负和政治寓意的电影。它将自然主义与印象主义的艺术风格相结合，将晃动着大脑袋、眨着圆圆的眼睛的可爱小动物描绘得仿佛人类婴儿一般。婴儿需要父母，但当时的一代人，男性在海外作战、女性在后方持家，社会保守派担心美国的家庭会因此受到威胁。通过将角色置于以男性为主的核心家庭中，华特·迪士尼向观众传达了这样一种观念，即传统的性别角色和家庭结构是合理的，因此也将经受住战争的考验。斑比接替父亲成为"森林之王"则体现了生命的循环。这一主题在之后的迪士尼作品中也屡见不鲜，1994年上映的《狮子王》就是很好的例子。不过，残酷和鲁莽的人类却并不在这一循环之内。如果一个人可以猎杀一头无辜的动物，那么他离杀死另一个人甚至发动一场战争还有多远呢？斑比的父亲在电影中有一句令人印象尤为深刻的台词："因为人类。我们必须到森林深处去。"

当《小鹿斑比》于1942年首次在电影院上映时，影片主角的原型——白尾鹿，按今天的标准来看，正处于"受威胁"的濒危等级。几千年来，美洲原住民一直在捕猎白尾鹿，他们通过火来创造白尾鹿所喜欢的林间空地和林缘地带，以维持它们的数量。关于在欧洲人到来之前，美洲大陆上生活着多少头白尾鹿，这恐怕已无人知晓。但到了1930年，白尾鹿的种群数量据估计已经骤降了99%，从近3000万只减少到仅有30万只左右。为了制作斑比的原型，华特·迪士尼将旗下的一位艺术家派驻到缅因州的巴克斯特州立公园呆了6个月。当发现效果并不理想后，迪士尼又不惜将两只白尾鹿从缅因州一路运回加州来充当模特，整个行程远达4184千米。

事实上，当《小鹿斑比》上映时，白尾鹿的种群数量已开始恢复。它们被重新引入曾经的栖息地。通过出台限制狩猎季节、地点和性别等相关法律，白尾鹿也得到了保护。此外，随着它们的大部分天敌消失，像狼、美洲狮和熊等肉食性动物在美国东部的大部分地区已经绝迹，再没有什么能够阻挡白尾鹿种群数量的快速回升。

白尾鹿很快就重新成为北美最常见的野生有蹄类动物。早在1950年，一些生物学家就认为白尾鹿的种群规模已经达到了欧洲人踏足北美大陆之前的水平，数量比20年前增长了足足100倍。不久之后，美国的46个州都能见到这一物种的身影（主要分布在落基山脉以东地区，而它们的近亲黑尾鹿和骡鹿则更常见于落基山脉以西地区）。值得注意的是，白尾鹿不仅依旧活跃于乡村地区，而且还出现在了蓬勃发展中的城市郊区。

无独有偶，作为新一轮进入城市地区的野生动物中最引人注目的成员之一，白尾鹿的成功只是一个更宏大故事的一部分。在《小鹿斑比》上映几十年后，影片中的所有动物，包括兔子、臭鼬、负鼠和猫头鹰，都开始在美国的城市及其周边地区出现而且数量越来越多。其中一些动物一直生活在城市外围，但种群数量却在战后成倍增长。另一些则回到了曾经的栖息地，大规模的捕猎曾令它们的数量在几十年前岌岌可危。还有一些则出现在了之前从未涉足过的地区。一大批其他动物，包括浣熊、狐狸、郊狼、短尾猫和鹰，也很快加入它们的行列。这些动物非但没有听从"森林之王"的建议深入森林，还恰恰反其道而行之。

影片《小鹿斑比》本身并未引起这些变化。然而，当野生动物开始从18世纪和19世纪的重创中恢复时，这部电影确实在塑造关于自然的主流观念方面起到了积极的作用。在第二次世界大战之前，通过建设公园、开辟自然保护区、植树造林、生效环境保护法和重新引入已绝迹的物种等方式，城市居民为这些变化创造了可能性。延续到战后，另外两大因素的加入——大规模绿化的郊区的发展和城市及周边狩猎活动的减少——使得更多野生动物能够在城市中安顿下来。

19世纪末,第一批"有轨电车郊区"在城市周边兴起。这些郊区的规划基于由马匹或电力驱动的通勤铁路系统,区域内拥有公园、商业中心、绿树成荫的街道和整洁的工匠风格住宅。对于日益庞大的中产阶级群体来说,这些早期的郊区既提供了城市的便利又兼具乡村的宁静。芝加哥郊外的奥克帕克就是一个很好的例子。在建成第一座铁路车站后,该镇的发展于1872年驶入"快车道"。之后的数十年里,包括著名建筑师弗兰克·劳埃德·赖特(Frank Lloyd Wright)在内的居民为奥克帕克建设了一系列的基础设施,包括一个四通八达的有轨电车系统、繁华的闹市区和数十个地标建筑。

1920年至1930年,郊区的增长速度是中心城市的两倍,一些郊区的扩张甚至更快。克利夫兰郊外的谢克海茨的增长率达到了1000%,而洛杉矶的贝弗利山的增长率更是高达2500%。然而,从1929年开始,经济大萧条导致出生率下降、贷款收紧和购买力减弱。1928年至1933年,新住宅建设减少了95%,这也导致住房短缺问题一直持续至第二次世界大战之后。

1945年后,四大因素——新建的道路、分区法律、由政府支持的抵押贷款以及战后的出生潮,共同助燃了房地产市场,在美国拥挤的城市周围催生了广阔的城郊区域。在纽约州的莱维敦和加州的莱克伍德等地,郊区的开发商们将原本繁复的住宅建造工艺简化为大规模的生产流程,就好似亨利·福特汽车的装配线。实际上,房产和汽车这两大产业是相辅相成的。汽车激发了人们对于自由畅行的幻想，而郊区的住宅则承诺了自由、繁荣和独立。这些梦想并非遥不可及。1947 年，一名第二次世界大战退伍军人可以在莱维敦以不到 7000 美元的价格购买一套崭新的住宅，这一价格大致相当于 2020 年的 8.3 万美元。到了 1951 年，莱维特父子公司已经建造了 17447 套住宅，平均每天 12 套。

大多数学者对于这些战后早期的郊区持否定的态度，批评它们是人类历史上隔离情况最严重、环境最单调的居住地。这些社区赋予男性自由，但往往使女性感到孤立。直到 1960 年，像莱维敦这样的开发项目仍禁止非白人购买房屋。密集的几何式布局、零星寥寥的树木、一成不变的绿色草坪以及大片的混凝土和沥青，这些地方对于大多数生物来说并不友好。战后的郊区还吞并了农田、迫使乡村社区搬迁、污染了水道、破坏了野生动物的栖息地并使其数量下降、毁坏了历史遗址，还消耗了不计其数的资源。同时，这些郊区也迫使其居民依赖汽车、道路和化石燃料。所有这一切都打着"消费文化"的旗号，实则既空洞又虚假。

战后的城郊扩张并非必然的发展趋势。以英国为例，至少在 20世纪 80 年代放松管控之前，政府官员对于土地的利用规划一直拥有更大的话语权，他们在限制扩张上做得比美国更好。然而，在美国，郊区化却成了典型的城市发展形态。到了 2000 年，美国有超过一半的人口居住在既非真正意义上的乡村，也非真正意义上的城市的社区里，这一现象还从未在其他任何国家出现过。

无论从哪个方面来看，战后的郊区在生态上都是荒凉的。然而，大多数郊区并非在原始的自然环境上建设而成。相反，它们大多建在平坦开阔的区域，农民在几十年前为了给附近的城市种植粮食其实早已开垦了这些地方，纽约州的长岛和芝加哥西部的外围地区就都属于这种情况。

农田让位于郊区的一大典型例子便是洛杉矶。1910 年至 1955 年，洛杉矶一直是全美收入最高的农业县，生产包括小麦、牛肉、蔬菜、水果和坚果等在内的各种农产品。20 世纪初的洛杉矶拥有世界上最大的有轨电车网络，其城市地理结构与美国其他城市相类似，但唯有一大例外。虽然中心城区曾一度十分繁荣，但洛杉矶盆地缺乏一个城市核心，取而代之的是至少十几个主要城镇，这些城镇之间的距离对于步行来说太过遥远，但通过驾车又可以在短时间内互通。

汽车改变了洛杉矶，使其从一个由小城市和大农场所组成的地区转变为一个兼具城市和郊区特色的大都会。早在 1915 年，洛杉矶的居民中每 8 人就拥有一辆汽车，而当时全美的平均比例是 1：43。到了 1930 年，独户住宅占洛杉矶住房总量的 90% 以上，而纽约、芝加哥和波士顿等地的比例在 50% 左右。美国第一条双向分离式高速公路——阿罗约塞科公路于 1940 年开通，该道路连接洛杉矶市中心和帕萨迪纳。它的诞生为加州的高速公路建设狂潮拉开了序幕。当最后一辆有轨电车于 1963 年退役时，此时的洛杉矶更像是一个郊区，而非传统意义上的城市。今天，混凝土和沥青覆盖了数万英亩的土地，而不久之前，这些土地还是世界上最肥沃的农田。

随着郊区由城市中心向外扩展，它们不断侵蚀着自然区域。包括湖泊、河流和湿地在内的水生栖息地不仅是最早受到影响，同时也是受影响最严重的地区。在南加州，土地开发改变或摧毁了该地区三分之二的沿海湿地，其中许多湿地变成了港口、码头、公园或住宅区。尽管这些变化始于 19 世纪，但最宏大的项目都是在第二次世界大战后完工的。

以圣地亚哥为例，20 世纪 40 年代启动的米申湾大型项目将一块潮汐沼泽变为全美最大的水上公园。在洛杉矶，1953 年动工的玛丽安德尔湾项目将巴洛纳溪河口变成了全球最大的小型船艇人工港口。

美国陆军工程兵团和美国垦务局还对这些湿地的水系进行了重新的规划。随着土地开发侵占了周围的冲积平原，陆军工程兵团和其他机构将难以管控的小溪和河流引流至混凝土排水沟中。这些水道保护了附近的社区，减轻了洪水带来的威胁。但是这一做法同时也摧毁了滨水栖息地、破坏了开放空间，并对野生动物造成了毁灭性的影响。此外，这还导致数十亿加仑的淡水被排入大海，含水层也因为渗入土壤的水分大大减少而遭受破坏。

20 世纪 70 年代，新的开发项目，尤其是在阳光地带和西部各州开展的项目，进一步侵占了原生栖息地。这些地区也将成为野生动物、开放空间和郊区扩张之间冲突的汇集地。郊区的边界逐渐蔓延至灌木丛生的山坡，攀爬上公共土地附近的山脉，甚至延伸到之前被视为边缘地带的泥滩和沙丘。这种城市与荒野交界处的建筑活动在之后的几十年里仍在继续，这导致更多的住宅位于山火和泥石流的路径之上，也令更多的珍稀物种面临风险。

不过，出乎意料的是，破坏了如此多栖息地、威胁了如此多物种的郊区开发项目却令其他一些物种受益。对野生动物而言，工业农场可能是最具敌意的环境之一。闯入这些农场的动物会面临包括重型机械、枪支、陷阱、杀虫剂、有毒诱饵以及缺乏躲避场所在内的一系列危险。在农田让位于居民区的地带，一些动物开始迁入甚至每天"往返通勤"，它们在夜晚以郊区的食物和水为生，白天则藏身于野外。到了20世纪70年代，城市与荒野的交界处已成为那些有胆识的野生动物的通道，其中包括许多种群数量正在恢复或分布范围正在扩大的物种，如白尾鹿。

郊区的扩张还带来了另一个意想不到的结果：业余狩猎活动的大规模减少。这一现象促使某些野生物种在城市及其周边地区的数量进一步增长。

当美国还是一个乡村国家时，许多居民依靠狩猎来获取食物或维持生计。到了19世纪末，随着野生动物的数量在美国急剧减少，更富裕且更城市化的猎人开始以休闲为目的进行狩猎。他们呼吁限制以谋生为目的的狩猎活动，并禁止销售从野外捕获的猎物。一些州针对此情况出台了新的狩猎和捕鱼法律，但这些法律通常存在争议并得不到有效的执行。为了解决这一问题，国会于1900年通过了《雷斯法案》，该法案禁止运输非法获得的野生动物。1911年，美国参议院批准了世界上第一个野生动物条约，即《北太平洋海豹保护公约》。在此基础上，数十项州和联邦法律在进步时期、新政时期和战后时期相继出台。

北美野生动物管理模式也随之形成。该体系共包括7项原则：野生动物是公共资源；野生动物的利用受州、联邦和国际法律的约束；人们可以根据法律所允许的目的来利用野生动物；大部分从野外捕获的动物被严禁销售；任何人都具有平等的权利来合法利用野生动物；野生动物的管理应基于科学；野生动物的利用者通过支付进入保护区的费用以及购买狩猎和捕鱼许可证来支持野生动物的保护工作。

在之后的 50 年时间里，北美野生动物管理模式取得了巨大的成功。1920 年至 1970 年，这也是通过捕鱼和狩猎来实现保育目标的黄金年代，大量的资源投入同这两项活动相关的项目中，许多野生动物的种群也因此得到了恢复。然而，1970 年后，该模式开始出现问题。新一代的保护主义者（其中许多人在城市和郊区长大）所推动的项目不仅服务于乡村的狩猎和捕鱼群体，他们更着眼于保护生物多样性这一更长远的目标，认为一些传统的野生动物管理方式，比如对大多数肉食性动物实施种群数量上的控制，既浪费资源又收效甚微。他们拥护《荒野法》《海洋哺乳动物保护法》和《濒危物种法》等法案。20 世纪 80 年代，由于对工作进展的不满意，他们中许多人离开了野生动物管理领域，转而创建了保护生物学这一新领域。

几乎在同一时间，美国业余猎人的数量也开始急剧下降，这一趋势一直延续至今。1972 年，综合社会调查的数据显示：29% 的美国成年人表示自己或自己的配偶曾参与过狩猎活动。到了 2006 年，这一比例已下降至 17%。在 34 年间，降幅超过了 40%。1991 年至2006 年，仍处于活跃状态的猎人的数量在伊利诺伊州和加州减少了近一半，在亚利桑那州、科罗拉多州、肯塔基州、犹他州和西弗吉尼亚州则减少超三分之一。根据美国鱼类及野生动物管理局的数据，从1991年至2016年，尽管16岁以上的美国人口增长了6470万人，但全美的猎人数量却下降了约260万人。

狩猎活动的减少在很大程度上是由于郊区化。与徒步、观鸟甚至钓鱼等其他户外运动相比，狩猎显然需要更高的门槛。若非家族传统，后天从事狩猎的可能性并不高。乡村居民的家族中存在猎人的可能性更大，但当这些家族成员搬迁至城市地区后，狩猎所需的技能、装备和兴趣往往无法传承给后代。由于大多数城市和郊区都严禁在公共场所开枪，城市的发展会使狩猎变得更为昂贵和耗时。例如，在马萨诸塞州，到了2012年，开枪禁令已经致使该州至少60%的地区禁止狩猎。同时，在狩猎参与度减少的地区，公众舆论也往往对这项运动持反对态度，非狩猎者通常将其视为不公平和非人道的行为。

在一个多世纪里，限制狩猎一直是野生动物管理者最为重要的工作之一。一系列的规定，包括通过季节和额度来限制狩猎行为，使得管理者们能够有效地恢复濒危野生动物的种群。一旦种群得到恢复，狩猎和捕鱼可以使种群规模维持在适度且可持续的水平，同时还能为其他保护工作筹集资金。因此，休闲性质的狩猎和捕鱼成为北美野生动物管理模式得以维持的重要支撑。在那个时期，这些活动备受欢迎，大多数野生动物专业人士和爱好者都参与其中，而当时几乎所有的野生动物都生活在农村地区。

狩猎活动的没落产生了深远的影响。随着猎人数量的减少，用于野生动物管理的资金已经跟不上需求。长期的财政困难意味着定期的维护任务被忽视，重要的项目被推迟、缩减或取消。这导致狩猎的吸引力大大下降，并使管理者失去了关键的管理手段。像白尾鹿这种具有强大繁殖能力的机会主义物种的种群可能会不受限制地增长，而其他一些依赖于栖息地恢复和保护工作的物种则可能遭殃。包括非营利组织和有害生物防治企业在内的私人团体，根据各自的动机、计划和商业模式承担了更多的工作，但也损害了将野生动物视为公共信托的理念。

　　然而，即使狩猎作为美国人的一项娱乐活动没有没落，它对于城市地区的野生动物管理而言也作用甚微。由于大多数城市都严禁开枪，一些人开始使用弓箭狩猎。但在人口稠密地区，用弓箭射杀像鹿这样的动物往往会导致漫长而血腥的追逐，不仅可怕而且危险，还会激起更多反对狩猎的声音。美国农业部曾推出了一项"神枪手计划"来削减鹿的种群规模，只是出于很多相同的原因，该计划并不受欢迎。在城市中使用陷阱来捕捉野生动物通常也会引发争议，一方面是因为相关的法规往往并不明确，尤其是涉及私人财产时；另一方面则是由于许多人认为这是残忍的行为。在一个世纪前，以上这些都不是问题。在那时，许多林地动物的种群数量正处于历史最低谷，大多数野生动物仍生活在乡村地区，城市也相对紧凑，但一切都随着战后郊区的出现而发生了变化。

　　时间倒回 1942 年，当时的华特·迪士尼不会料想到白尾鹿和《小鹿斑比》中的其他角色会成为美国郊区的常住居民。然而，在那之后的几十年里，随着新的野生动物保护法的实施，郊区逐渐演变成为繁茂的栖息地，狩猎活动也在日益减少，白尾鹿和其他一些野生动物在美国城市及其周边地区的种群数量增长到了前所未有的水平。白尾鹿非但没有深入森林，反而进入了人口稠密的地区，这也预示着城市中的野生动物迎来了一个新的时代。

最初，很多人对这种巨变表示欢迎，但他们很快意识到挑战也随之而来。肆意增长的鹿群可能会压垮栖息地。它们大肆吞食植被、破坏森林生态系统、传播疾病并导致数以千计的交通事故。近年来，鹿的种群数量在许多地区已经趋于稳定，在部分地区甚至有下降的趋势。然而，许多与这些动物共处的人仍认为，在恢复和维持鹿种群数量的过程中，20世纪的野生动物管理者的努力反而产生了过犹不及的效果。尽管存在这些担忧，美国各地的城市居民仍在继续创造条件，以吸引白尾鹿等物种进入他们的家园。

第五章

漫游空间

在 20 世纪 80 年代和 90 年代，从华盛顿州和俄勒冈州的森林到内华达州和亚利桑那州的沙漠，因保护濒危物种及其栖息地所导致的冲突在美国西部掀起波澜。在这些争议中，南加州是最受关注的地区之一，那里既是许多濒危物种的家园，也是全美最昂贵房产的所在地之一。1991 年，南加州建筑行业协会发表了一份令人警醒但又颇为利己主义的预测：如果美国鱼类及野生动物管理局将一种叫作加州蚋莺的小鸟列为濒危物种，这将引发更多的矛盾，导致栖息地保护计划陷入无望的僵局，并酿成重大的经济灾难。诉讼将是不可避免的，试图削弱《濒危物种法》的做法，只会愈演愈烈。

以上言论令许多南加州人感到诧异，他们中的大多数人此前从未听说过加州蚋莺。这种小鸟体长不足 10.16 厘米，体重还不到 9.07 克，鸣叫声神似瓶鼻海豚，羽毛呈暗灰色，能够与周围的灌木丛融为一体。无论怎么看，加州蚋莺都不像是能够获得如此广泛关注的争议对象。然而，对于加州蚋莺的保护却将这种小型鸟类和这个以强大的开发商和对私有财产忠诚而闻名的地区推至濒危物种保护的风口浪尖。

加州蚋莺的争议延续了数十年之久，大约始于 1970 年并一直延续至今。在早期公园建设的基础上，这段时期的美国城市保护了数以千计的新开放空间，还设立了大量的自然保护区。支持者们认为，留出这些区域可以减轻郊区扩张所带来的影响，保障附近居民的生活质量，维护水源流域和保护濒危物种。尽管这些举措引发了争议，但它们成功为野生动物在美国许多大城市提供了永久的自由活动空间。

加州蚋莺冲突的根源可以追溯至 20 世纪中叶。第二次世界大战后，南加州的人口迅速增长，从 1950 年的 570 万到 1990 年的 1750 万，再到 2010 年的 2160 万。开发商们开始争相建造住房来抢占这个快速扩张的市场。早期的项目主要是向中产阶级家庭提供价格适中的联排住宅。然而，几十年后，许多居民发现他们的小平房和联排住宅坐落在价值百万美元的土地之上。到了 20 世纪 80 年代，除公园、国有森林和军事基地之外，南加州的大部分沿海地区都已开发完毕。第二次世界大战后早期，大多数开发项目都兴建在旧农场之上，但随着时间的推移，建筑商们最终还是选择向自然区域挺进。沿海的灌木丛，即海滨地势低洼处的常绿植被地带，恰好位于一些最抢手的地块之上。虽然这些区域在其他方面的价值相对有限，但对于开发商而言，它们却是备受追捧的热门板块。

　　加州不仅拥有美国境内诸多最巍峨的山峰和海拔最低的沙漠，也是地球上最高耸、最古老和最庞大树木的家园之一。在那里，沿海的灌木丛只能算是一道朴素的风景线。灌木丛是多种珍稀物种的家园，其高度一般达到人的膝盖至头部不等，颜色呈淡淡的银绿色，主要由坚韧的耐旱灌木组成，俯瞰时，它们好似一张垂挂在地面上的粗糙的羊毛毯。春季，沿海鼠尾草灌木丛内绽放着黄色、蓝色、紫色和橙色的花朵，是各种珍稀物种的家园。然而，在一年中的大部分时间里，这里最常见的多年生植物，包括蒿属植物、羽扇豆属植物、多肉植物、荞麦、沙漠毒菊、小球花酒神菊和欧薯，几乎都处于休眠状态，仿佛是在回避着海风和晴空，而正是这些植物吸引了众多民众来到这个阳光普照的地区。

加州蚋莺的分布范围向南可一直延伸至墨西哥的巴哈半岛。即使在它们的灌木丛栖息地，加州蚋莺的种群数量可能也从未达到可观的地步。1898 年，年轻的约瑟夫·格林内尔（Joseph Grinnell）（后来成为加州大学伯克利分校脊椎动物学博物馆的创始馆长）将加州蚋莺描述为"少数地区的常见居民"。约瑟夫·格林内尔和其馆长职位的继任者奥尔登·米勒（Alden Miller）在他们于 1944 年出版的著作《加州鸟类分布》中指出，尽管加州蚋莺在当地仍比较常见，但它们的分布范围在过去 20 年间已经有所缩减，而且它们的未来充满了不确定性。其实在那个时候，加州蚋莺的栖息地就已经开始丧失，只是当时不受关注罢了。

在之后的 40 年里，沿海的鼠尾草灌木丛成为大规模开发的对象。建筑商们将它们连根拔起，然后在填平的地面上建造庭院、停车场和球场。一些新的法律，包括 1970 年的《加利福尼亚州环境质量法》和 1976 年的《加利福尼亚州海岸法》，对部分灌木丛实行了保护，但建筑商们并未停下开发的脚步。到了 1990 年，在美国生物多样性最为丰富的加州，沿海的灌木丛成了受威胁最严重的生态系统之一。

评估损失出人意料地困难。在这个拥有 1700 多万人口的地区，鲜有人想过要去研究沿海的灌木丛或其中的动物。在那些涉足相关研究的人员中，很多人都是法律顾问，他们的工作是帮助开发商遵循法律，或是在必要时规避法律，而不是为了促进科学发展和共享数据。尽管各方的评估不尽相同，但大多数专家都认为，在美墨边境以北地区，加州蚋莺的数量仅剩几千只。

南加州已经失去了 50%~90% 的沿海灌木丛。但是，在洛杉矶、奥兰治、里弗赛德、圣地亚哥和文图拉这 5 个县，沿海灌木丛的总面积仍有 45 万英亩，而这些地方也是加州蚋莺的栖息地。由于这些区域地处未来发展的黄金板块，而且 80% 的沿海灌木丛位于私人土地之上，任何试图保护加州蚋莺的举措都将与地区的增长目标背道而驰。

在各方的压力下，萨克拉门托的立法者们对《加州濒危物种法》进行了修订，推出了《自然社区保护规划》。根据修订后的法律，科学家、政治家和其他利益相关方将共同努力，在保护栖息地的同时允许其他地区继续进行基建开发。为实现这一目标，新开发的项目将被征收费用，所收取的款项将用于购买、转让那些敏感或受到威胁的栖息地的土地。

1993 年，声势浩大的《自然社区保护规划》在推出两年后即陷入停摆。保护主义者们开始怀疑该计划是否消耗了过多的资源，从而导致对其他濒危物种的保护有所怠慢。政治家们担心预留大片土地所带来的经济后果。建筑商们也质疑，参与其中是否真的能使他们的项目顺利开展。而地方官员仍在等待他们的上级就如何实施《自然社区保护规划》而作出的指示。

3 个关键事件推动了该规划的进一步实施。首先，加州资源局公布了具体的指导方针，就如何贯彻《自然社区保护规划》作出了指示。其次，美国鱼类及野生动物管理局将加州蚋莺列为"受威胁"物种，表明如果州政府的努力失败，联邦政府将介入。此外，内政部长布鲁斯·巴比特（Bruce Babbitt）也支持加州的工作，并承诺尊重由州政府批准的、符合联邦法律的计划。1996 年，加州在奥兰治县批准了首个《自然社区保护规划》。1997 年和 1998 年，州政府在圣地亚哥县批准了该规划的附加计划。正如巴比特所说，为了避免重蹈过去 10 年间在环境和经济方面的困境，这一规划应该在全国范围内推广实施。

在之后的 25 年中，《自然社区保护规划》在洛杉矶以南的大部分南加州城市实施。截至 2017 年，该规划已经涵盖了 29 个城市共 7446.22 平方千米的土地，面积比罗得岛州还要大，其中包括超过 3876.89 平方千米的自然保护区。此外，还有六项计划正在实施中，覆盖 11 个城市共 9105.43 平方千米的土地。在全美最为城市化的地区之一，《自然社区保护规划》为野生生物和原生生态系统创造了一片永久的区域。它以一种重量不及 25 美分硬币的灰色小鸟的名义，巧妙地利用了价值数十亿美元的建筑产业，为野生动物保护作出了重要贡献。

在城市地区，保留开放空间和自然保护区的势头日益增强。郊区则沿着地平线不规则地延展、互相交错，与农场、水体和公共用地相交汇，紧贴高速公路，留下了零星的未开发区域，许多剩下的绿地似乎注定要被开发。郊区变得郁郁葱葱的同时也变得更加城市化。随着道路上的汽车越来越多，天空中的烟雾弥漫，郊区的乡村风情开始变淡，许多居民开始意识到这些街区正在失去原本吸引他们的特质。

郊区居民很快便开始为保障他们的生活质量而行动起来。他们制定了分区条例、限定建筑高度，规定了居住密度上限，限制了停车位并遏制了建筑工程等。此外，他们还将洪水风险、野火隐患、水源限制和公共卫生问题等环境因素视为制约增长的原因。近年来，这些策略遭到了批评，人们认为它们推高了住房成本，并指责这些策略是为了将贫困人口和有色人种排除在由富人和白人所主导的郊区之外。随着人们对这些反增长措施的代价有了更深刻的认识，保护空地被证明是少数能有效限制增长的方法之一。

旧金山湾区在保护开放空间方面走在了全美前列。自19世纪中叶以来，当地的保护主义者一直致力于创建城市自然公园，并取得了一定的成功。在20世纪60年代和70年代，政府扩大了湾区的公共土地，形成了一个庞大的开放空间网络。马林县的塔玛佩斯山州立公园、阿拉米达县的东湾公园群，康特拉科斯塔县的迪亚波罗山州立公园，以及索诺马县、纳帕县、圣马特奥县、圣克拉拉和圣克鲁斯县的几十个公园都是在这一时期建立或扩建的。

在当地活动家和政治家的推动下，联邦政府主导了湾区3个最为宏大的项目。建于1972年的金门国家休闲区将穆尔森林等新老景点相融合，共同组成了国家公园体系的一个单元。如今，金门国家休闲区包含了37个景点，总占地面积323.75平方千米，拥有209.21千米长的步道和1200座历史建筑，是美国最受游客青睐的国家公园。同样在1972年，经过长达20年的讨论，国会创立了唐·爱德华兹旧金山湾区国家野生动物保护区。该保护区被宣传为美国首个城市野生动物保护区，旨在保护旧金山湾南岸的残存湿地，同时将盐池和其他区域恢复到更自然的状态。尽管最初设立该保护区的动机是出于生态担忧和开发压力，但如今它不仅保护了濒危物种，还为当地学校提供了科普项目，并化身为低洼城市的天然屏障，使城市免于风暴潮和海平面上升之忧。今天，唐·爱德华兹保护区是旧金山湾国家野生动物保护区综合体的一部分，该综合体包含 7 个单元，总占地面积 178.06 平方千米。

到了 2007 年，湾区已经拥有全美最大的城市开放空间网络。在这个占地面积 18210.85 平方千米的地区中，只有约 3035.14 平方千米（17%）的土地被建筑物和道路覆盖。剩下的 15175.71 平方千米土地仍处于未开发状态，其中包括约 7284.34 平方千米的农田和牧场、2933.97 平方千米的水域和湿地，以及 2023.43 平方千米的森林和林地。在距离旧金山仅 64.37 千米的范围内，近 200 个公园、保护区和开放空间形成了一个比优胜美地国家公园更加广阔且更多样化的公共土地网络。

洛杉矶这座长期以来以缺乏公共空间而闻名的城市，效仿了其北部邻居的做法。与湾区的许多情况一样，西起马里布东至好莱坞的圣莫尼卡山脉的土地保护工作是对拟开发项目的回应。自 20 世纪 50 年代以来，当地的开发商和政客们提出了一系列的开发计划，包括修筑公路、建造核电站、将山顶夷为平地以建造住宅区以及用垃圾填平山谷然后在其上修建高尔夫球场。在 20 世纪 60 年代和 70 年代，像苏·纳尔逊（Sue Nelson）和吉尔·斯威夫特（Jill Swift）这样的当地活动家推动了土地保护事业。1978 年，他们的事业出现了重大进展，当时旧金山有权势的国会议员菲尔·伯顿（Phil Burton）将圣莫尼卡山脉纳入他的综合公园议案。如今，圣莫尼卡山脉被喻为"拼凑出来的公园"，它由数十块州立公园、县立公园、私人土地和联邦所拥有的地块交错而成，占地 623.22 平方千米，是全球最大的城市公园。

在美国其他地区，老旧公园被重新利用、翻新、扩大或改建。从 20 世纪 70 年代开始，致力于扩大芝加哥地区森林保护区网络的保护主义者们就一直在与复杂的政治环境、众多的利益集团以及无动于衷的民众相抗争。因为当地公众似乎更关注巴西雨林所面临的挑战，而对于当地物种和生态系统正遭受的威胁漠不关心。然而，在 20 世纪 90 年代中期，芝加哥地区的 250 多个机构和非营利团体组成的联盟，在芝加哥地区生物多样性委员会的旗帜下团结起来，成立了当地人熟知的"芝加哥荒野"（Chicago Wilderness）。截至 2017 年，该委员会已经实施了 500 多项与绿色基础设施、生物多样性恢复和其他相关项目的计划。如今，泛芝加哥地区约 10% 的土地成为公园或自然保护区。

在得克萨斯州北部的特里尼蒂河河畔，一个截然不同的故事发生了。自 19 世纪以来，一系列不明智的方案试图对横贯达拉斯的一段长达约 32 千米的洪泛区进行开发和利用。政治纷争和频繁的洪水阻挠了大部分项目的实施。第二次世界大战后，开发商再次将目光投向这个地区，但他们的计划大多以失败告终。现在看来，这条河似乎注定会迎来不同的命运。1998 年和 2006 年，通过发行债券，市政府获得了购买大部分洪泛区的资金。截至 2018 年，市政府开展了一项规划，旨在改善防洪能力和休闲环境，同时保护数千英亩的野生动物栖息地，其中就包括全美最大的城市硬木林。

一些城市也将旧的基础设施改造成自然保护区，其中最好的案例之一便是史坦顿岛上的弗雷什基尔斯垃圾填埋场。该填埋场于1948 年投入使用，其名字则来源于荷兰语，意为小溪或潮汐入口。由于其优越的地理位置和便捷的交通条件，再加上地表下有一层不透水的黏土层，该处很快就成为纽约市主要的垃圾处理场，每天可接收多达 2.9 万吨垃圾。但是当地的民众却一直对垃圾场心怀不满，认为它危害健康，有碍观瞻，是心高气傲的内城居民对他们的羞辱。20 世纪 90 年代，纽约市采用了一项新的政策，由各区管理各自的垃圾。弗雷什基尔斯垃圾填埋场于 2001 年 3 月关停，随后在"9·11事件"后曾短暂重新开放，用于应急垃圾处理。此后，该填埋场启动了一项价值 3 亿美元的规划改造工程。

如今，弗雷什基尔斯已经成为世界上最大的由垃圾填埋场改建的公园项目。按照规划，预计在未来 25 年内分阶段开放，建成后将成为纽约市最大的公园。弗雷什基尔斯占地面积 8.9 平方千米，相当于中央公园的 3.5 倍，将构成史坦顿岛 40% 的公园用地。建成初期，该地周围的井口将垃圾分解产生的甲烷收集起来。产能达到峰值时，这些气体可为 3 万户家庭供暖。目前，野生动物已经开始回归。包括黄胸草鹀、刺歌雀、草地鹨、鹗和白头海雕在内的各种鸟类在连绵起伏的草地和绵延 17.7 千米的海岸线上聚集。狐狸已经是那里的常客，河狸则在消失了 200 年后重新出现，第一只郊狼也于 2012 年抵达这里。

州和联邦层面的政策变革也推动了许多大都市的环境保护工作。1964 年至 1986 年间，美国国会通过了二十几项重要的环境立法，许多州纷纷效仿，出台了类似的法规。这些法律适用于广泛的环境保护问题，包括保护野生动物及其栖息地保护。

其中最重要的一部法律是 1973 年颁布的《濒危物种法》。根据《美国宪法》，包括市县在内的地方行政区负责土地使用规划，而各州则对其境内的野生动物拥有大部分的管辖权。联邦政府提供资金，管理联邦土地上的野生动物，并监督特殊指定物种或种群（如候鸟和海洋动物）的保护工作。在各州未能有效保护其本土物种的情况下，《濒危物种法》要求联邦政府介入，扩大了联邦政府在野生动物保护方面的作用。一旦某个物种被列入名录，负责的联邦机构——无论是美国鱼类及野生动物管理局还是美国国家海洋和大气管理局，都必须采取措施以防止该物种遭受进一步伤害，并与各州和其他各方合作，推动对该物种的恢复工作。

《濒危物种法》在美国南部和西部的都市圈发挥了至关重要的作用。在加州推出其《自然社区保护规划》之后的几年里，该区域中的十多个城市在《濒危物种法》的框架下相继启动了类似的栖息地保护工作。一些栖息地保护项目的实施是缘于对某一个物种（如加州蚋莺）的保护影响到了土地开发或基础设施建设，它们中有些项目在日后发展成为更大的区域性计划并涵盖了数十个物种。

例如，1997 年，美国鱼类及野生动物管理局将仙人掌棕鸸鹋列为图森市周边沙漠地区的濒危物种，这片沙漠地带是该物种分布范围的北缘。开发商在 2006 年提起诉讼，撤销了该物种的受保护地位，但案件很快又回到了法庭。当时，图森市的社区领袖们正在制订一项栖息地保护计划，就像圣地亚哥和奥兰治县出台的计划一样。2016 年，在经过了长达 600 小时的会议，参考了近 200 份技术报告，以及听取了超过 150 位科学家的意见后，图森市所在的皮马县通过了《索诺拉沙漠保护计划》。该计划以发放 3.6 万英亩的开发许可为交换条件，旨在保护 44 种动物以及 11.6 万英亩的野生动物栖息地。

一些城市和县的规划机构还通过制定指导方针或推广认证体系，旨在鼓励新的郊区在开发过程中采用对野生动物更友好的设计。为了获得认证，开发项目必须包含栖息地保护或恢复元素、开放空间利用规定、雨水管理系统、低强度的夜间照明和居民教育计划。此外，许多项目还承诺使用更环保的建筑材料并将建筑物聚集在一起，以尽量减少开发项目留下的生态痕迹。

事实证明，郊区的开放空间和保护区不仅是目标珍稀或濒危物种的栖息地，也是其他许多野生动物的家园，其中包括大量的常住物种，以及一些早年间从那些地区消失或之前从未在那里出现过的物种。就像过去几十年间许多美国城市的情况一样，因为其他目的而设立的公园、开放空间和保护区为各种野生动物提供了繁衍生息的环境，其中包括许多在规划过程中从未被考虑过的物种或目标外的受益物种。

在 20 世纪 60 年代至 80 年代，崭新的公园和保护区并不是唯一发生剧变的城市栖息地，也不是唯一变得更适合野生动物活动的开放空间。在这一时期，犯罪、种族主义、白人大规模迁离、去工业化以及撤资等在内的一系列因素对部分美国城市造成了沉重的打击。在底特律和巴尔的摩这样的老工业城市中，破旧的建筑物日益衰败，铁丝网后的厂房大量闲置，空地上则长满了杂草。

对于这些被忽视和遗弃的区域的情景，我们甚至找不到一个合适的英语词汇来形容。在 2017 年的一档纪录片中，英国地理学家马修·甘迪（Matthew Gandy）借用了德语中的"brachen"一词，柏林人用该词来描绘第二次世界大战所遗留下的夹缝空间。随着时间的推移，这些空地和废墟也变得日益生机勃勃，象征着柏林的反叛精神。当大多数居民被限制在城市的围墙内时，这些空地和瓦砾堆不仅变成了珍贵的公共空间，而且成为第一代自我认同的城市生态学家的研究对象。由于当时大部分居民仍被限制在城市的高墙之内，这些区域甚至还象征着柏林的叛逆精神。"brachen"一词的本义为"休耕的田地"，或是"为了将来再利用，这些土地被有意或无意地置于无人打理、野蛮生长和肆意发展的状态"。

美国城市核心区的"brachen"通常污染严重、狭小孤立，或杂草丛生。因此，它们可能永远无法像郊区的自然保护区那样对野生动物产生巨大的价值。"brachen"的寿命通常也很短。即使在柏林，城市发展的压力也让这些人们钟爱的区域岌岌可危。尽管如此，这些夹缝空间仍然为数百种游荡的野生动物提供了庇护所。许多社区都在努力改善这些区域的环境状况，有时甚至将它们改建成永久性的自然保护区。

要想了解美国的"brachen"在环境恢复方面的一大最佳案例，不妨沿着布朗克斯河漫步一番。直到 20 世纪 80 年代，这条走廊仍是脏乱的垃圾倾倒场。在接下来的 20 年里，社区团体与纽约市公园与娱乐管理局合作，发起了一场声势浩大的基层清理行动。到了 2003 年，布朗克斯河及其沿岸一共清理出了 70 辆汽车和约 3 万个轮胎。现在，产卵的灰西鲱在此逆流而上，郊狼常出没于河边的树林，甚至连河狸都回来了。这一纽约市曾经脏乱差的灰暗角落，距离第一只黑熊的到来，还要多久呢?

　　加州蚋莺仍然栖息在南加州沿海的灌木丛里。建立能够保障它们生存的保护区需要艰苦的努力、必要的妥协以及一些强硬的手段。如今，这些开放空间已经成为该地区最受欢迎的场所之一，成千上万的游人在那里休闲和锻炼。与此同时，它们也受到了野生动物的青睐。保护加州蚋莺也意味着保护了数百种其他物种的栖息地，其中大多数动物或许并不处于濒危状态，也未受到联邦法律的保护，但它们仍将这些保护区视为家园或迁徙通道。始于 20 世纪 60 年代的开放空间运动，在 90 年代的栖息地保护工作中获得了强劲的动力，为美国城市中的野生动物生存开启了崭新的篇章。在这一场旷世持久的保护运动中，加州蚋莺扮演了关键的角色，尽管许多前来参观那些为了它们而建立的保护区的游客们可能从未亲眼见过，甚至听说过这种小鸟。

第六章

走出偏见

1981 年 8 月 26 日，一只郊狼袭击了一个名叫凯莉·基恩（Kelly Keen）的 3 岁女孩，并导致其丧生。当时，女孩正在格伦代尔市郊外富人区的家中车道上玩耍。基恩的不幸遭遇是美国首例因郊狼致死的事件。这是一起曾经早有预测，并被预防但又突然出现的史无前例的悲剧。要理解其中的缘由，我们有必要回顾和反思一下人类与郊狼共存的漫长历史。

郊狼与人类已经共存了几千年。新墨西哥州的查科峡谷曾出土了数千年前的郊狼骨骼，查科峡谷曾是一个古老的朝圣地，在宗教集会期间，其人口可达 4 万人。在中世纪，大型城邦特诺奇蒂特兰周边也有郊狼分布，那里有一处名为 "Coyoacán" 的地区（意为 "郊狼之地"），生活着一个供奉郊狼的教派。在北美大平原和美国西南部的土著文化中，郊狼扮演着重要的象征角色，常与生死、善恶以及招摇撞骗等元素相关。关于郊狼的各类传说，甚至还是北美洲已知最古老的人类故事。

1769 年，佩德罗·法赫斯（Pedro Fages）作为波托拉探险队成员参加了前往蒙特雷的探险。他是最早记录南加州郊狼的欧洲人之一。法赫斯在圣地亚哥进行补给时看到了郊狼，并将它们列入了他所遇见的物种清单。在西班牙传教时期和墨西哥农场时期（1769~1848 年），由于牲畜数量的增长，郊狼在加州的种群数量可能也随之增长。1849 年的淘金热过后，牧场主和其他定居者开始着手清除州内的肉食性动物。大部分行动主要集中在乡村地区，但是一些城市最终也加入其中。举例来说，1938 年，洛杉矶启动了一项郊狼控制计划，计划实施的第一年，就悬赏猎杀了 650 只郊狼。

很少有物种能像美国的郊狼一样经受得住如此残酷的打压。即便在今天，每年仍有大约 40 万只郊狼在美国被猎杀，平均每天约1100 只。然而，即使化学毒药、钢制陷阱和铅弹夺去了数千万郊狼的性命，它们仍然表现出了顽强的生命力。诸如狼等大型捕食者可能在数千年间一直控制着郊狼的种群数量，但随着大型肉食性动物从这片土地上逐渐消失，郊狼的分布范围也从最初的大平原和西南地区向北美的每个角落扩张。

到了1900 年，郊狼的足迹已环绕五大湖，并且在北回归线至北极圈之间的区域都能看到它们的身影。到了2000 年，郊狼的足迹已延伸至大西洋沿岸、墨西哥湾、加利福尼亚湾和阿拉斯加湾。如今，郊狼生活在墨西哥的所有州和至少 5 个中美洲国家。在加拿大，它们分布在包括新斯科舍省和爱德华王子岛在内的 10 个省份。在美国 50 个州中，49 个州都能找到郊狼，只有夏威夷还没有它们的踪迹。

视线回到加州，大约从 1970 年开始，对控制肉食性动物数量这一做法的支持力度开始减弱，捕猎活动逐渐减少，同时新的法律也对部分毒药的使用作出了规定。虽然一些乡村的栖息地消失了，但对于郊狼来说，取而代之的郊区要比之前的农场和牧场在生存环境方面更为友好。到了 20 世纪 80 年代，郊狼在越来越多的城市现身，且出现的频率也越来越高。

随后，基恩的悲剧就发生了。凯莉·基恩丧生的具体情况仍然不明，部分原因是基恩一家之前与郊狼发生过冲突。4 年前，一只郊狼曾咬伤凯莉当时仅有 10 个月大的姐姐凯伦。第二年，她们十几岁的兄长约翰也遭到了郊狼的攻击。杀死凯莉的是否就是多年来一直威胁着基恩一家的那只郊狼？为什么官方没有对日渐失控的局面进行介入？为什么一个蹒跚学步的幼儿会被留在一个如此危险的场所独自玩耍？

凯莉的父亲罗伯特表示，他曾致电格伦代尔人道主义协会寻求帮助，但该协会工作人员设置的陷阱并没有起到作用。目前尚不清楚该协会是如何处理他的投诉的，但罗伯特说得没错：当地官员对于郊狼了解甚少，几乎无法向忧心忡忡的居民提供有效的补救方案。

在凯莉去世后，《洛杉矶时报》引用了这些官员的部分言论，只不过这些言论事后被证明是错误或带有误导性的。洛杉矶县农业专员罗伯特·豪尔（Robert Howell）表示，郊狼进入城市是为了猎杀人类的宠物。然而，之后的研究表明，尽管一些郊狼对家养动物产生了兴趣，但大多数郊狼仍以野生动物、动物尸体和植物为食。洛杉矶人道主义协会的埃曼纽尔·怀特（Emanuel White）表示，郊狼已经南下至威尔希尔大道，但实际上它们可能已到达了更南方的区域并进入了鲍德温山和普拉亚德尔雷等社区。人道主义协会的爱德华·库布拉达（Edward Cubrada）声称，郊狼来到城市是因为它们被驱逐出了自然栖息地。不过反过来说，这些动物正在寻找富饶的城市栖息地，至少也是正确的。

在基恩遇难之前，洛杉矶地区与郊狼有关事件的报道已经持续了十多年，其中大多数涉及宠物。然而，当官员、记者甚至科学家谈论或报道这个问题时，他们总是使用双关语或陈词滥调，指责郊狼"狡猾"，控诉它们是对唾手可得的猎物下手的"懒惰捕食者"。

如果基恩的离世让许多洛杉矶人感到悲伤，那么事故的余波则令他们感到恐惧。在袭击发生后的几周里，与该县签约的猎人在距离基恩家 2.59 平方千米的区域内捕获了至少 55 只郊狼。当地居民突然感到自己像是被包围了。在悲剧尚未远去，专家们又无法解释缘由或提供解决方案的情况下，居民们开始怨声载道。一时间，丘陵地带的郊区被贴上了"郊狼聚居区"的标签，而郊狼群则被戏称为"团伙"。对此，洛杉矶县的回应是通过诱捕、射杀和"再教育"等行动，再次向郊狼宣战。

这些行动本身是针对郊狼的，但管理野生动物本质上是对人的管理。许多与郊狼有关的事故涉及少数动物在被投喂后变得具有攻击性。有时，当人们把垃圾或猫粮留在屋外时，就会发生这种情况。然而，在其他一些案例中，居民和企业似乎在主动招揽危险。例如一家位于马里布峡谷的餐厅在晚餐时间将食物置于户外，通过玻璃阻隔，顾客可以在月光下同郊狼共进晚餐。在基恩去世后不到 3 个月，洛杉矶县监事会通过了一项早该出台的法规，禁止给臭鼬、浣熊、负鼠、狐狸、地松鼠和郊狼等动物投喂食物。

这项禁令显然是必要的，但该县对郊狼的整体应对措施几乎没有任何科学数据作为支撑。在 1980 年之前，大部分发表的涉及郊狼的研究都是关于它们对乡村牲畜的威胁。随后的几年里，一些地方机构和大学的农业技术推广员展开了调研，以便为城市郊狼管理提供信息。然而，直到 1996 年，也就是凯莉·基恩去世 15 年后，南加州国家公园管理局才开始全面了解郊狼的生态、行为和种群动态。

郊狼只是进入城市地区的先锋物种之一，这些动物的到来以及不断增强的存在感预示着美国城市中的野生动物又将迎来一个新的历史篇章。它们的涌入是渐进式的，因城市而异，不同物种的涌入速度也不尽相同。然而，到了20世纪80年代，这一现象已愈发普遍，诸如基恩受袭等事件使得公众对这一趋势产生关注。一连串的问题也接踵而至：为什么如此多的野生动物会出现在城市地区？是什么让一些动物在城市中繁衍兴盛，而另一些动物却在不断减少甚至消失？当面对城市野生动物所带来的新挑战时，人类该如何应对？直到今天，我们仍在寻找这些问题的答案。

当大多数人想象"生态系统"时，他们可能会想到森林、沙漠、珊瑚礁或其他自然环境。然而，野生动物涌入美国城市的事实已经清楚地表明，在郊狼这类动物的眼里，城市也是一种生态系统。城市能接收阳光、雨水，也拥有岩石、土壤、水泽等居住环境；城市进行着能量、营养和有机物质的循环，又包容了多样的物种——这些物种以复杂的方式相互作用，又随着时间的流逝不断变化。在某些方面，城市类似于更自然的生态系统。但在其他方面，城市与之前任何事物或今天存在的其他事物都有本质上的不同。

城市与其他大多数生态系统最显著的区别是：城市被单一的关键物种支配。人类已经改变了这个星球上的生态系统，但除了一些工业化的农场外，没有什么地方像城市一样受人类行为的影响如此之深。第二个令城市不同寻常的因素是：它们如此年轻。世界上连续有人类居住的城市几乎全部位于中东，大约也只有7000年的历史。就连最古老的人类定居点耶利哥，其考古记录可以追溯到大约11000年前，但相对于地球45亿年的历史而言，耶利哥也只是沧海一粟。可以说，地球上的生命才刚刚开始适应我们称之为城市的陌生新环境。

适应城市对许多物种来说是困难的，部分原因是城市一直处于变化之中。每年，城市花费数十亿美元来防洪、防火、维护植被和减缓侵蚀，所有这些措施都旨在减缓变化的速度。但是，几个世纪以来，城市已经发生了翻天覆地的变化。耶路撒冷的部分地区在过去 6000 年间被摧毁了 40 次，留下了超过 18.29 米厚的废墟层。柏林在其九百年的岁月中历经洗劫、烧毁、轰炸、分裂、统一、重新规划和重建。旧金山从 19 世纪 20 年代的传教站变成了 19 世纪 40 年代泥泞的贸易站，再到 19 世纪 80 年代的繁华大都市，又到 1906 年的一片废墟，最后到第二次世界大战后巨大都市圈的中心地带。汽车往来如梭、交通纵横交错的现代城市，其历史不过一百多年，高速公路存在的时间也仅与一个健康人的寿命相当。

城市最奇怪的特征之一是它们需要被输入包括水、燃料、材料和化学品在内的许多资源，并输出废弃物。与此相反，自然生态系统利用土壤中的养分和太阳能来生产自己的原材料，并且回收几乎一切所使用过的东西。几个世纪前，城市主要从附近的乡村地区获取资源，所产生的废弃物则外溢向当地周边环境。如今，城市从世界各地获取资源，有些城市还特地将垃圾运输至遥远的海外，仿佛眼不见，就心不烦了。

气候塑造了生态系统的方方面面。城市通常比附近的乡村地区更热，这种现象被称为热岛效应。该现象的成因在于汽车和空调等机器设备会释放热量，而且道路和建筑物相比大多数的自然地表也会吸收和传导更多的能量。沥青等人工材料在白天吸收热量,晚上则将能量再辐射回空气中。然而,由于环境污染,这些能量可能会滞留在空气中。基于相同的原因,城市的冬季也相对更温暖,这使得来自较温暖气候区的动物可以在城市中生存。本土物种的生活也受到了影响。与附近的农村地区相比,城市中的植物可能更早地开花并拥有更长的生长季。在较凉爽气候环境下每年只生育一次的动物,在城市中则可能会每年生育两次甚至更多。

城市的降雨和降雪量也往往比附近的地区更多,这是因为城市的空气中含有更多可以形成水滴的微小颗粒。在大多数自然生态系统中,降雨或是附着在植物上,或是渗入土壤,或是汇入溪流。然而,在城市中,包括屋顶、人行道、马路和硬实土地在内的不透水表面覆盖了10%~70%的土地面积。这就是为什么许多城市会像岩质沙漠一样经历暴洪灾害。城市还会调动水资源,这边抽干了某些地区,那边又把另一些地区淹没了。这种操作导致了一个奇怪的结果:在潮湿的气候环境下,相比附近繁茂的原生栖息地,大多数物种感觉城市更像是沙漠;但是,在干燥的气候环境下,对于适应生活在周边干旱景观中的物种来说,城市犹如雨林般存在。

在城市生态系统中,河流是退化最严重的栖息地类型之一。与周边农村地区的河流相比,大多数城市中的河流通常在大雨时拥有更高的水流量,而干旱时期的水流量则更低。有些城市中的溪流以草坪和花园的混浊径流形式,常年离奇地保持着稳定的流量。与欠发达地区的河流相比,城市中的河流含有更多的营养物质和化学污染物,并且携带的沉积物较少,河道更直,河岸更陡,所包含的动植物种类也往往更少。

城市也会干扰动物的感官。这可能会令人类感到疲惫不堪，而对于那些依赖感官进行导航、寻找食物和伴侣、躲避危险和天敌的动物来说，这或许会从本质上改变它们生存。

在 1800 年，夜间照明被视为一种奢侈品。黄昏之后，除了温暖闪烁的火光之外，生活大多是漆黑一片。人工照明的引入，首先是煤气灯，之后则是电灯泡，推动了社会的变革，工作时间不再局限于白天，从而使工业资本主义也成为可能。如今，全球超过 80% 的人口，包括欧洲、东亚以及北美部分地区 99% 的人口，生活在夜间拥有充足人工照明的区域，其光照已经被认为是一种污染。

从"漆黑一片"到"灯火通明"，夜晚的转变带来了巨大的生态后果。对于像郊狼这样的动物来说，它们在城市中可能会采用夜行性的生活方式以躲避人类，夜间的少量光线可以帮助它们，一些蜘蛛、蝙蝠、蜥蜴和青蛙则利用夜间的光线作为诱饵来吸引猎物。然而，对于包括许多昆虫和鸟类在内的靠月光进行导航的飞行动物来说，人工照明增加了它们撞击和触电的风险，并可能导致它们迷失方向。沿海城市就像虚幻的灯塔，将迁徙的鱼类、海龟和其他海洋动物引诱至危险的近岸水域。夜间的光线以及城市中更高的温度也会延长蚊子的活动时间，而蚊子则会传播登革热、基孔肯雅热、寨卡病毒、黄热病及其他疾病。

城市也十分嘈杂，其中一些噪声直接源自机器设备，而其他噪声则间接地来自马路、人行道和反射声音的建筑物。城市会产生各种不同音调的噪声，但在大多数地方，这些嘈杂声不会超过 2000

赫兹。声音的音量以分贝来衡量，分贝是一个对数刻度，每增加 10 个单位意味着声音变大了 10 倍。大多数人类对话的声音在约 40 分贝的范围内，但繁忙的城市街道可能接近 80 分贝，而树篱修剪机的声响或超过 100 分贝，手提钻更是能达到震耳欲聋的 120 分贝。

长期暴露在噪声中会引发人体内的化学反应，增加我们的短期警觉性，但也会通过加重高血压、焦虑和失眠等问题而威胁我们的长期健康。噪声也会令动物产生压力。噪声迫使被捕食物种提高警惕，既消耗能量又分散了它们对其他任务的注意力。借助声音进行沟通的鸟类、昆虫和两栖动物则可能会失去传递明确信息的能力，从而难以找到配偶和同伴。

任何曾在酷热夏日漫步于大城市的人都知道，城市里常会散发出异味。我们人类的嗅觉并不灵敏，因而无从得知城市是如何改变了其他物种的嗅觉环境。气味是挥发性化合物，动物们通过嗅觉神经感知这些化合物并在大脑中将其处理为气味信息。由于制造业、交通运输业、化工业、餐饮服务业和园林绿化业的存在，城市中充斥着各种挥发性化合物。对于那些依赖嗅觉进行觅食、寻找猎物、躲避天敌和进行交流的物种来说，城市环境既具有诱惑力，但同时也是迷离之地。

到底是什么令一个物种在经历了城市中的照明、噪声、异味和持续的变化等考验后仍能取得成功呢？1996 年，美国国家公园管理局着手对洛杉矶的郊狼开展研究。同年，斯坦福大学的罗伯特·布莱尔（Robert Blair）发表了一篇具有里程碑意义的论文，解释了为什么一些物种在城市中繁衍兴盛，而另一些物种则逐渐没落甚至消失。尽管布莱尔的论文在发表后的几年里引发了一些争论，但它仍然不失为一个很好的起点。在论文中，他首次将城市及其周边地区中的动物归纳成三种类型。

根据布莱尔的分类，第一类为"城市回避者"，这类动物并不适合城市的生活。它们中的一些是特化种（specialist），即需要特定栖息地或资源的挑剔物种，城市通常无法满足它们的需求。另一些则是漂泊型物种，这类动物或有着广阔的活动范围，或进行年度的迁徙。还有一些物种则可能过于焦虑或领地意识太过强烈，从而无法与世界上最危险的灵长类动物（人类）亲近。部分"城市回避者"或许能够在城市的边缘地带勉强生存，但它们通常屈身于比正常活动范围要小得多的区域或蜷缩在残存的绿地之中。由于"城市回避者"具有捕食牲畜等习性，使它们时常与人类发生冲突。

布莱尔划分的第二类为"城市适应者"，这类动物在中等发展速度的地方最为常见，如林木茂密的郊区或城市与荒野的交界处。"城市适应者"或在荒野和城市之间来回穿梭，或在城市中采取更为夜行性的生活方式与人类共存但又避免与人类直接接触。一些"城市适应者"，如常在建筑物上筑巢的游隼和红尾鵟，刚好进化出了在自然环境和城市环境中均适用的技能、习性或偏好。"城市适应者"包括人们在城市及其周边经常遇到的一些极具魅力且容易辨认的野生动物，如浣熊、白尾鹿、水鸟（如大蓝鹭）等，当然，也少不了郊狼。

第三类被称为"城市开拓者"，这类动物能够在城市中繁衍兴盛。其中许多物种，如褐家鼠和家麻雀，起源于欧洲或亚洲，但如今已生活在世界各地的城市中。它们通常是泛化种，这意味着它们能够利用各式资源，并能在各类环境中游刃有余。它们往往还是杂食动物，能够吃各种食物。例如鸽子这样的"城市开拓者"还比较聪明，不仅能够解决问题，还能掌握新的技能。一些"城市开拓者"具有很高的繁殖率，它们会长时间照顾幼崽，并将自己的技能传授给后代。性格也是一个关键因素。"城市开拓者"通常足够温顺，可以与人类共同生活，但同时也足够警觉，不容许人类过于接近。它们常常具有高度的社会性，能够一起觅食或与同类群居。随着时间的推移，一些"城市开拓者"开始依赖人类，同时放弃了除城市以外的其他栖息地。

"城市适应者"和"城市开拓者"或许已经准备好与人类共同生活，但人类是否也做好准备了呢？20 世纪 70 年代和 80 年代，当郊狼开始在美国许多城市频繁出现时，居民和官员们感到手足无措，很多人甚至不愿接纳这些被视为危险入侵者的动物们。1980 年，一位因郊狼而痛失玩具贵宾犬的少女向《洛杉矶时报》表示："郊狼令我生气。虽然它们解决了讨厌的老鼠，但我仍然痛恨郊狼。"同年，耶鲁大学社会生物学教授斯蒂芬·凯勒特发现，在"最受喜爱的动物"榜单上，美国的受访者们仅将郊狼列在倒数第十二位，高于蟑螂、黄蜂、响尾蛇和蚊子，但低于乌龟、蝴蝶、天鹅和马。最受喜爱的动物是狗，它与郊狼的亲缘关系如此之近，两者在野生环境下甚至可以交配并产下具有繁殖能力的后代。

人类学家海尔·贺佐格（Hal Herzog）在他于 2010 年出版的书籍《为什么狗是宠物？猪是食物？》中写道："我们对其他物种的看

法经常是不合逻辑的。"这并不是说我们对动物的看法是随意的，而是我们对待动物的思考方式是由物理、化学和生物学等自然科学以及历史、文化和心理学等社会因素共同塑造的。在缺乏这种社会背景的情况下，人类对待动物的看法和行为可能显得荒谬、虚伪或彻头彻尾的不可理喻。

我们的文化通过艺术、文学或传统观念给动物强行贴上了标签，因此动物往往被假定为无辜或有罪的，从而受到尊重或遭受鄙视。动物与生俱来的或被感知的特质也很重要。我们倾向于给那些体形庞大，被认为可爱、漂亮、威严或类似人类的动物贴上"无辜"的标签。那些具有坚毅、勇敢和顾家等令人钦佩的特质，或者至少是不妨碍人类生活的动物也会博得我们同样的好感。然而，此类认知很少能反映一个物种的真实行为或生态习性。许多人眼中，老鼠是令人厌恶或危险的，尽管大多数老鼠在大多数时间内对大多数人并不构成威胁。与此同时，猫看起来友好而又可爱，即便它们是凶猛的捕食者和携带大量病菌的生态破坏者。

大众传媒和社交媒体在塑造观念方面也起着尤为重要的作用。20 世纪 70 年代和 80 年代，也就是"凯莉·基恩受袭事件"时期，当大型野生物种频繁现身于许多美国城市时，报纸和电视节目经常采用两种论调：讽刺或耸人听闻。讽刺性的图片和报道强调在所谓的文明地区看到野生动物是多么令人惊讶。耸人听闻的报道则强调人类与野生动物之间的冲突。他们经常使用关于战争和较量的军事隐喻，或者呼应着当时的偏执、种族主义和仇外心理，将野生动物比作非法移民、黑帮成员、罪犯、恐怖分子和"超级捕食者"。

当以上形象在媒体上广为流传时，美国人亲身参与野外活动的比例正趋于平缓甚至下降。20 世纪 70 年代和 80 年代，消费品和更好的基础设施促进了户外运动的发展，其中包括观鸟和摄影在内的非狩猎性活动。然而，令如此多的民众享受户外运动的同时，科技也开始介入并取代人与大自然的接触。电视屏幕使美国人花更多的时间观看虚拟生物，而不是与真实的动物互动。以动物为主题的视觉媒体大为流行，而动物园和博物馆则难以吸引顾客。1995 年至 2014 年期间，即使是国家公园系统，年人均参观量也下降了 4%。

因此，在城市中遇到野生动物时，人们常下意识地将这些动物当作他们在新闻中或是在电视上看到的漫画形象来对待。这么做并不令人意外。对于许多人来说，郊狼等动物看起来要么像可爱的宠物，要么像嗜血的杀手。当然，这两种形象都不准确，但都会对现实世界造成影响。

对于那些对郊狼持怀疑态度的人来说，当他们在城市地区看到郊狼时，通常首先会选择报警。警察的介入往往会使一个本不成问题的情况变成问题，或者使问题变得更糟。然而，脱离执法去解决问题也是困难重重。

即使在 2015 年，纽约市仍然经常将郊狼视为不法之徒，尽管这种动物在 20 年前就已来到了这座城市。2015 年 4 月，纽约市警察局在清晨接到了一通报警电话，报警者称在曼哈顿上西区的河滨公园发现了一只郊狼。警方随后动用了直升机、巡逻车和麻醉枪。为期 3 个小时的"追捕行动"最终以失败而告终。当被问及这起劳民伤财的事件时，纽约市警察局的表态与市公园与娱乐管理局此前发布的一份声明相矛盾，后者曾声称政府将不再对未构成明确威胁的郊狼实施抓捕。事实证明，这两个部门之间并未有一份书面协议来明确这一政策。纽约市警察局的警员未曾就如何处理郊狼接受过培训，但他们又是这种情况的第一责任人。结果是可以预见的：为了应对一只几乎不构成威胁的野生动物，警方仍然出现了过度使用武力的情况。

随着时间的推移，一些城市及其居民逐渐适应了与郊狼共存的新现实。那些具有充足预算、获得居民支持并拥有动物园和博物馆等公益机构的辖区，制订了一系列涉及科学研究、科普教育和环境保护等科学的计划。一些公园开始与警察局合作以制定新的政策和流程，限制武力的使用，并尝试只对真正紧急的情况采取行动。野生动物官员强调的一大关键信息是，是否采取应对措施应取决于动物的行为，即它们是否有伤病的情况或表现出攻击性，而不仅仅是它们是否出现。

随着这些信息的传播，公众的态度也发生了转变。在纽约，随着人们逐渐适应了与郊狼共处，恐惧让位于宽容，有时甚至可以说是一种脆弱的接纳。在部分街区，个别郊狼已经成为吉祥物并拥有属于自己的名字、背景故事和社交媒体账号。虽然很少有人真正信任郊狼，且大多数人也并不希望它们在自家的后院、学校或操场附近徘徊，但许多街区已经越来越愿意接纳他们毛茸茸的邻居。

早在 2008 年，对纽约市郊的研究显示：大多数居民欣赏郊狼，喜欢有它们相伴，甚至认为被郊狼伤害的风险是可以接受的。然而，当意外事件发生后，人们与社区内的郊狼共同生活的意愿就会迅速下降，反映出公众对郊狼的容忍度仍十分脆弱。不过，总体而言，大多数人与郊狼等城市野生动物生活的时间越长，他们就越不把这些动物当威胁看待，而是视为多物种城市社区中自然且有益的成员。

郊狼在洛杉矶和纽约都引起了广泛关注，但毫无疑问，芝加哥才是美国21世纪初的郊狼之都。尽管一些郊狼早在第二次世界大战后就已经进入了芝加哥的郊区，但直到20世纪80年代和90年代，经过多年的缓慢迁徙和种群增长，它们的身影才开始频繁地出现在芝加哥市区。如今，约有2000只郊狼生活在这座拥有300万人口的城市中，当地许多居民的态度也经历了相似的内心转变，即从起初惊讶和恐慌，到逐渐认知和理解，再到最后接纳。

与芝加哥郊狼关联最深的人物是俄亥俄州立大学的生物学家斯坦·盖特（Stan Gehrt），他从2000年以来就一直致力于郊狼的研究。在他所跟踪的数百只郊狼中，有一只因为将城市生活推向极致而脱颖而出。2014年2月，盖特在市中心以南的布朗兹维尔街区成功诱捕了一只成年雄性郊狼，并给它戴上了定位颈圈。这只代号为"748"的郊狼很快就声名鹊起，人们甚至将其誉为"终极城市动物"。

项圈上的GPS数据显示，"郊狼748"已经建立了自己的领地。它采用夜间外出活动的方式，每晚在离开洞穴后，会前往密歇根湖湖畔的伯纳姆公园、南环工业区的芝加哥河畔以及拥有十六车道的丹瑞恩高速公路杂草丛生的路堤上觅食。"郊狼748"非常谨慎、从容和稳健，这些特质使它在这个最为城市化的栖息地中游刃有余。

然而，到了当年的4月，它的行为发生了变化。它开始与附近的狗（部分还拴着绳）及它们的主人发生冲突。大部分狗的主人已经习惯了郊狼的存在，但他们担心这只特殊的动物可能正在变得危险。GPS 数据证实，"郊狼748"参与了几次冲突，符合一个常见的规律，即社区中一连串事件的始作俑者通常都是同一只郊狼。它是生病或受伤了吗？它是否找到了新的食物来源，从而导致它对人类放下了戒心？抑或是它的生活中发生了什么变故，使它改变了自己的行为？

盖特很快便找到了答案："郊狼748"成了一名父亲。它在一座停车场的顶层抚养着自己的幼崽，该停车场紧邻士兵球场——芝加哥熊橄榄球队的主场。作为新手父母，紧张和多疑都在所难免。

在接下来的 1 个月里，盖特和他的同事们利用噪声、跟踪、霰弹枪等手段来骚扰和驱赶"郊狼748"。虽然"郊狼748"和它的伴侣仍坚守自己的领地，但它们将巢穴迁移到了一个更安全的地点，冲突也随之平息。这是一次成功的行动：相关居民并未大动干戈，而是在事态失控前将潜在的问题报告给了一位对该物种及其生态系统有深入了解的生物学家。生物学家评估情况并确定问题的根源，然后设法使目标郊狼远离人类和他们的宠物狗。

不幸的是，这只"终极城市动物"不久之后还是遭遇了不测。2014 年 6 月 15 日，人们在士兵球场附近的一个停车场发现了它。与前一个冬季相比，它的体重下降了四分之一。更为严重的是，它身上有通常由汽车撞击造成的创伤性钝器伤。芝加哥动物管理部门于次日对它实施了安乐死。令人欣慰的是，它的幼崽们仍十分健康。盖特在事故报告中写道，他期望这个家庭会继续留在这片区域。而他同样总结道，"郊狼748"将很快被另一只成年郊狼取代。

第七章

亲密接触

2014 年 7 月，来自新泽西州奥克里奇的中年男子格雷格·麦克高文（Greg Macgowan）在网上发布了一段 3 分钟的视频。该视频为一个历时两年的故事拉开了序幕，而故事的根源则要追溯到半个世纪以前。视频的开头给人一种低成本的恐怖电影的感觉，麦克高文站在屋外，紧张地呼唤着自己的妻子，手中的相机不停摇晃。他正在寻找着什么。大约 30 秒后，他突然大喊道："它在那儿！它在那儿！那是一头直立行走的熊，它正穿过街道！一头直立行走的熊！它朝我走过来了！我在后退！"

很快，一个黑色的身影出现在模糊的画面中。它的体形和步态与人类如此相似，以至于人们无法第一时间分辨出这是一只模仿人的熊，还是一只模仿熊的人。这只生物用弯曲的小短腿站立着，面朝前方，双臂自然卷曲。它先是踱步于一户居民家的车道，然后穿过马路，接着又横穿一座废弃房子的院子，最后消失在了远处的林荫街区中。

于是，新泽西郊区展开了一段美丽、离奇而又令人心碎的故事。之后的两年中，这头被称为"Pedals"的成年雄性黑熊俘获了成千上万人的"芳心"。人们在自己的街区偶遇它，观看它的视频，报道它的冒险经历，讨论它的状况，担心它的安危，视它为吉祥物，甚至将它搬出来当"挡箭牌"。如果说外形或行为酷似人类的动物往往会吸引大量的关注，那么"Pedals"注定将名声大噪。然而，它也成为一场风暴的焦点，因为它正是在美国野生动物历史，尤其是熊类历史发生重大变革的时刻，闯入了新泽西人的生活。

对于像"Pedals"这样的熊来说，新泽西州并非一直都是理想的居住地。尽管被称为"花园之州"，但长期以来，人们对新泽西州的印象仍是肮脏的城市、拥堵的高速公路和无序的城市扩张。直到1970年，新泽西州的野生黑熊数量最多也不过区区二十几头。

然而，今时不同往日了。

如今，新泽西州约有5000头黑熊，数量在半个世纪内足足增长了227倍，大约每1800人就有一头熊。现在的新泽西州不仅是人口密度最高的州（每平方英里超过1200人），也是熊密度最大的州（每平方英里约0.57头）。与之对比，阿拉斯加州估计约有3万头棕熊和10万头黑熊，每平方英里也只有约0.2头熊。相比费尔班克斯，在纽瓦克郊外遇见熊的概率反而更高。

新泽西州的熊大部分都栖息在西北部茂密的森林地区。然而，自20世纪90年代以来，熊的足迹已遍布新泽西州的所有21个县。在这个美国城市化程度最高的州，熊的活动范围已超过其总面积的90%。同时，新泽西州的熊不仅数量众多、分布广泛，它们的体形还很巨大。体重超过226.8千克的黑熊（黄石国家公园中灰熊的平均体重）相当常见，一些壮硕的雄性甚至更为庞大。相比其他州，现在的新泽西州更像是熊的领地。

"Pedals"的故事告诉我们，当像黑熊这样大型、聪明且富有魅力的物种在城市地区大量出现时，冲突是不可避免的。与郊狼的情况一样，过多亲密的接触通常不会有好的结局。时至今日，新泽西人仍在努力适应这一新的现实：人类与这些动物以及彼此之间的共存究竟意味着什么。黑熊是现代美国城市中一个极具挑战性的野生物种。如果山城、郊区和城乡接合地区的居民能够与偶尔出现的黑熊和平相处，那么适应其他很多物种应该也不是难事儿。然而，以上假设本身还需要打上一个大大的问号。

美洲黑熊是北美大陆分布最广泛的哺乳动物之一。它们可以分布在东至大西洋沿岸，西至太平洋沿岸，北至北极圈，南至墨西哥中部的多种生境中。作为一种中等体形的熊，黑熊性情温和，是北美温带森林中的害羞居民。在数百万年的时间里，它们避开了剑齿虎、恐狼、巨型短面熊和灰熊等更勇猛、更强壮的动物，成功地存活了下来。尽管它们是杂食性动物，但主要以植物为食。黑熊虽然在陆地上行动缓慢，在树上却异常灵活。

黑熊的毛色从金黄至漆黑不等。它们的视觉和听觉要优于人类，嗅觉能力更是狗的7倍。成年黑熊在夏季交配，冬季则在自己的洞穴中产仔，冬眠期长达5个月。幼崽会与母亲共同生活约一年半的时间。虽然有时会成群聚集在食物来源附近，但黑熊通常独自生活，它们通过标记树木与同类进行交流。大多数黑熊在黎明和黄昏时出没，但它们也可能在一天中的任何时段活动。它们几乎什么都吃，但大多数黑熊主要以植物、昆虫、啮齿动物和腐肉为食。黑熊在野外的寿命可以超过20年，而在人工圈养的情况下，其寿命更是可以再翻1倍。

黑熊种群数量的下降或始于18世纪，尤其是在美国东海岸和东南部地区。主要原因是捕猎以及因砍伐森林和开垦农田所造成的栖息地丧失，州和地方法律也是一大推手。这些法律将黑熊列为害兽，悬赏将其猎杀。同其他许多森林动物一样，美洲黑熊的种群数量在20世纪初跌至谷底。

关于黑熊们卷土归来的故事通常要从 1902 年 11 月密西西比州的松林讲起。当时，时任总统西奥多·罗斯福前往密西西比州会晤官员并在当地的松树林中进行了一场狩猎活动。尽管罗斯福本人未能找到熊，但他的向导霍尔特·科利尔（Holt Collier）却成功捕获了一头熊。向导将熊绑在树上，并引导总统过去收获战利品。罗斯福认为这有违体育道德，拒绝开枪。两天后，插画家克利福德·贝里曼（Clifford Berryman）在《华盛顿邮报》上刊登了一幅漫画，讽刺了这一事件。数月后，布鲁克林的一位名叫莫里斯·米克顿（Morris Michtom）的糖果店老板推出了一系列印有总统名字的毛绒玩具。此后，"泰迪熊"不仅成为有史以来最受欢迎的玩具之一，而且还启发了一系列可爱的卡通形象，其中包括"小熊维尼"（1924 年首次亮相）和"瑜伽熊"（1958 年首次亮相）。

至少以当时的标准来看，罗斯福以其高尚的体育道德确立了良好的声誉。然而，黑熊要摆脱"害兽"的标签还需要几十年的时间。20 世纪 20 年代和 30 年代的研究揭示：包括黑熊在内的一系列食肉目哺乳动物其实是杂食性的觅食者和食腐者，而并非农民和牧场主眼中的嗜血食肉动物。一些黑熊学会了捕猎，它们以新生或患病的动物为目标，或者通过伏击和堵截等手段来捕获猎物。然而，捕捉野生动物是困难而危险的，而且大多数黑熊并不精于此道，很多个体甚至从未真正尝试过捕猎。

在此期间，州层面的政府机构开始将黑熊的官方地位从"害兽"改为"可狩猎物种"。这些机构不再以控制或消灭黑熊为目标，而是致力于维持它们种群的健康，以供猎人们进行可持续的狩猎活动。

这是一个重要的转折点，一些州的黑熊数量因而趋于稳定，甚至出现了数十年来的首次增长。

与此同时，在国家公园中，熊扮演着不同的角色：它们成了表演者。在黄石和优胜美地等公园，游客们于夏夜聚集在垃圾堆和喂食点的露天看台上，观赏熊吃垃圾。对于真正热爱野生动物的人来说，这一幕是丑陋的。然而，公园工作人员奉命招揽游客，而游客们又热衷于观赏熊。只是，很少有人能预料这一做法将会酿成多么严重的后果。

1944 年，美国森林管理局将"斯摩基熊"作为其防火宣传的形象代言。森林管理局已经与火灾斗争了 40 年，该机构的工作职责在经济大萧条时期和第二次世界大战后不断扩大。在成千上万的标牌和海报上，斯摩基熊被刻画成一个熊版的山姆大叔形象。他目视前方，手指向观众，提醒着美国人："只有你们能预防森林火灾。"1950年，斯摩基熊这一虚拟的形象竟变成了一头真实的熊。当时，新墨西哥州的消防员们救助了一头受伤且失去了母亲的黑熊幼崽。美国森林管理局为它取名为斯摩基，并将其送往华盛顿特区的国家动物园。此后，这头黑熊一直生活在那里，直到 1976 年去世。

不幸的是，森林管理局的宣传活动产生了与预期相反的效果。通过预防火灾，该机构让土地上的杂草肆意生长，从而造成了更危险的火灾隐患。但是，宣传活动确实有助于改变公众对黑熊的看法。黑熊不再被视为害兽、资源、小丑或玩具，而是美国珍贵自然资源的守护者。

20 世纪 70 年代，一些生物学家开始质疑黑熊的种群是否能够恢复。新英格兰和中西部地区的森林复原为熊提供了更多的栖息地。在许多地区，捕杀熊的情况也在减少。在山区城镇和绿树成荫的郊区，黑熊的种群开始兴盛。在这些地方，人们似乎也比过去更愿意与熊共处。即使到了1980年，生物学家们仍然认为黑熊的出生率在陆生哺乳动物中处于末流水平。然而，在不到10年的时间里，黑熊就证明了自己能够在适合的生存条件下迅速繁殖。况且，生存条件似乎还在不断改善。

　　1970年至2020年期间，美国本土48个州的黑熊种群数量经历了惊人的增长。在马萨诸塞州和佛罗里达州，它们的数量暴增了10倍，从大约400头增加到4000头。宾夕法尼亚州的黑熊数量从4000头增长至1.8万头，加州的黑熊数量更是从1万头跃升至4万头。在中西部地区，黑熊在森林栖息地中大量繁衍，之后便开始在几十年未曾现身过的农业地区出现。2016年，美国鱼类及野生动物管理局宣布，美洲黑熊十六大亚种之一的路易斯安那黑熊在被列为"濒危"物种25年以后终于实现了种群恢复。如今，黑熊至少生活在美国50个州中的40个。在大部分地区，它们的种群似乎正趋于稳定或呈现增长之势。在全球8个熊类物种中，黑熊的数量最多，约为90万头，其中约一半生活在加拿大，另一半生活在美国，此外还有一小部分濒危种群分布在墨西哥。

　　尽管美国大多数的黑熊仍生活在森林中，但随着如此数量的黑熊在一个满是城市的国家中四处游荡，人熊之间的相遇必然会愈发频繁。在黑熊开始现身于城市之前，很少有人相信它们能够在那里生存。它们似乎是典型的"城市回避者"。也几乎没有人能够预料到，城市生活将对黑熊的许多方面产生深远的影响。

俗话说，吃什么，像什么。所以，令城市中的黑熊与野生黑熊有所不同的主要因素就是城市中的黑熊能够接触到人类的食物。食用人类食物的黑熊通常比它们在自然环境中的同类体形更大，胆子也更大。栖息在森林中的成年黑熊体重通常在90.71~136.08千克之间，而健康的城市个体则可能达到81.44千克以上。吃人类食物的熊也可能失去对人类的畏惧，同时将这一行为传授给它们的幼崽，导致代代相传的"毒文化"。这使得黑熊不仅对人类食物极为依赖，而且还表现得更加肆无忌惮。但这又能怪谁呢？一旦尝试了花生酱的滋味，谁还愿意去啃蛆虫和嚼树叶呢？

城市中的黑熊比野生个体冬眠时间更短。冬眠是一种应对季节性资源匮乏的方式。作为极为出色的冬眠动物，黑熊能够非常高效地利用每年秋季所存储的脂肪和液体，因此生物学家称他们为"世界上最好的可回收垃圾罐"。冬眠时长取决于所在地的气候、生态系统和熊自身的健康状况。无论身处何方，带崽的母熊通常会在洞穴中度过几个月。然而，总体而言，与栖息在更自然环境中的个体相比，生活在城市中且能接触到人类食物的黑熊每年的活动季节更长。这也使得它们能够与更多的人类进行更为频繁的接触。

城市地区的黑熊还会调整它们的日常作息。为了避开人类，它们像郊狼一样选择了更为夜行性的生活方式。富足的食物意味着它们只需较短的觅食时间就能满足贪婪的食欲，因此每天的活动时间也相应地减少。

黑熊活动范围的大小受其栖息地中可获得的食物的多少所影

响。由于城市集中了大量的资源，城市中的黑熊往往拥有较小的活动范围和较高的种群密度。根据在内华达州西部进行的一项研究，生活在太浩湖周边开发区域的黑熊的活动范围比附近未开发区域的熊要小 70%~90%。令人惊讶的是，城市地区能够容纳的熊的数量是相同规模的野外地区的 40 倍之多。

城市中的黑熊繁殖迅速但寿命却通常较短。它们的性别比例也更偏向雄性。相比野外的同类，城市中的母熊更早达到性成熟，每胎的幼崽数量也可能是前者的 3 倍。然而，在城市地区出生的幼崽的死亡率却是自然地区出生个体的 2 倍，造成这一切的主要原因是交通事故，但它们的数量又足以弥补这些损失。

综上所述，我们可以得出两个关键结论。尽管黑熊作为个体在城市中大量死亡，但黑熊种群在城市地区却愈发兴盛，并且作为体形如此庞大的动物，黑熊对于城市生活的适应能力令人惊叹。但是，这只是相对容易的部分。虽然黑熊已经适应了城市，但大多数城市却仍未适应它们。

黑熊是聪明、强壮且顽皮的动物。它们具备极为出色的运动及学习能力，甚至能够互相传授知识。与黑熊，尤其是与那些曾接触过人类食物的个体共存，可能是一种挑战，亲密接触并不总以相安无事收场。然而，确实存在着能够让人类和黑熊在城市及其周边地区和谐共处的策略。这些策略在很大程度上是在美国的国家公园及其附近的社区中发展起来的。在这些地区，人熊之间的冲突可以追溯到 1 个多世纪以前。

在国家公园中投喂熊，无论是有意为之还是无心之举，几乎在公园成立之初就开始了。早在 1891 年，也就是黄石国家公园成立 19年后，其代理园长就抱怨熊在开发区域造成了问题。到了 1910 年，黄石国家公园中的黑熊已经学会了在露营地、道路边和旅馆附近乞讨食物。也就是说，一个旨在保护野生动物的公园无意中驯化了生活在其中的野生动物。

20 世纪 20 年代和 30 年代，一群年轻的生物学家在加州大学伯克利分校和优胜美地国家公园开展了公园管理局历史上首次系统的野生动物调研并撰写了首份基于科学的保护计划。之后的几年中，由于伯克利团队的督促，部分公园停止了那些在当时很普遍但在今天看来却完全不合时宜的做法。它们关闭了动物园，禁止诱捕和投喂野生动物，并不再控制肉食性动物的数量。然而，国家公园在对待熊的问题上却变化缓慢。优胜美地国家公园在 1923 年至 1940 年期间设立有熊类投喂站，在 1956 年之前一直任由熊在孵化场捕食鲑鱼，直到 1971 年才开始对垃圾场实施保护。一代又一代的熊对人类食物上瘾，游客们为了近距离观赏它们不惜远道而来，而公园管理者也无法戒除靠投喂熊来招徕游客的做法。

当这些动物咬伤那些投喂它们的人时，为什么还有人感到惊讶呢？

1931 年至 1959 年期间，在黄石国家公园，平均每年有 48 人因为熊而受伤。其中约 98% 的案例涉及黑熊，真该庆幸不是灰熊。1960 年，公园采取了一系列措施，包括向游客宣传野生动物知识，将危险的动物迁出开发区域以及更有效地管理垃圾。他们还捕杀了相当数量的熊。1960 年至 1969 年期间，黄石国家公园的管理员们共射杀了39头灰熊和332头黑熊。然而，每年的受伤人数却并未下降。

1970年，黄石国家公园的工作人员开始主动帮助园区内的熊摆脱对于人类食物的依赖。他们安装了防熊垃圾桶，严格执行禁止投喂熊的规定，并将大量的熊迁往更偏远的地区。他们还无视了传奇生物学家约翰·克雷格黑德（John Craighead）和弗兰克·克雷格黑德（Frank Craighead）的建议，突然关闭了许多灰熊赖以生存的最后几个垃圾场。

虽然人员受伤的情况减少了，但黄石国家公园内的熊却陷入了困境。公园内成年雄性灰熊的秋季平均体重从335.66千克暴跌至不足181.44千克。数十头灰熊或是直接死于饥饿，或是在寻找食物时遭汽车撞击而死，抑或是被管理员和当地居民开枪射杀，因为他们担心这些动物已经变得非常危险。受这些事件的影响，美国鱼类及野生动物管理局于1975年在《濒危物种法》中将灰熊列为美国本土48个州的"受威胁"物种。

当人们不再提供食物时，寻找人类食物变得更加困难。然而，那些曾以热狗和馅饼为食的熊显然认为冒险是值得的。垃圾场关闭后，熊开始搜刮垃圾桶和便携式冷藏箱。当公园管理员要求游客妥善保管食物和垃圾后，熊开始撕扯车门并敲碎小屋的窗户。

这一情况在优胜美地国家公园、红杉国家公园和国王峡谷国家公园演变成一场危机。在1848年的淘金热爆发之前，加州灰熊数量超过了除阿拉斯加以外的任何州。但到了20世纪20年代中期，灰熊已在加州绝迹，在富饶和多样的环境中留下了一个空白的生态位。此后，加州各国家公园和森林中的黑熊种群开始扩大，问题也开始逐渐暴露，当这些黑熊表现不当时，公园管理员往往采取草率或残忍的方式直接将它们处决，而对制度上的缺陷和人类的粗心行为等根源性问题视而不见。

20世纪60年代，当地的活动家和匿名的公园管理局的工作人员开始对公园管理熊的方式提出抱怨。然而，直到1974年，摄影师加伦·罗维尔（Galen Rowell）才揭开了公园管理局历史上的黑暗一页。根据线报，罗维尔在优胜美地国家公园的大橡树坪入口附近的一处悬崖垂降，然后他便发现了数十年来管理员在那里倾倒的数百具黑熊尸体。除此之外，罗维尔还用毛骨悚然的图片和生动的描述披露了另一起公园管理员使用麻醉剂误杀黑熊幼崽的意外事故。一时间，舆论哗然。

起初，变化来得很慢。从20世纪70年代开始，一系列研究帮助管理人员更好地了解了黑熊的生物学和行为学特征。新型的防熊食物储存柜和防熊背包罐曾一度让人看到希望，但由于缺乏政治支持和资金，两者皆未能被推广。直到1998年，优胜美地国家公园每年记录在案的与熊有关的事故仍超过1500起，造成的经济损失超过65万美元。这些事故共导致7人受伤和3头熊死亡。

从1999年开始，美国国会每年会拨款50万美元用于应对加州各国家公园中与熊相关的突发事件。《红杉国家公园和国王峡谷国家公园2001年熊类管理报告》的引言部分则阐述了该项工作的落实情况。在这两座公园中，仅在一年内，公园管理局就安装了378个食物储存柜，接触了4.5万多名游客，举办了50多场培训课程，发出了1600多份警告或罚单，清理了268袋垃圾。当来自联邦政府的资金不足时，像生物学家雷切尔·马祖尔（Rachel Mazur）这样的官员就通过多种途径筹措资金。马祖尔在很大程度上领导了这项工作，她在2015年出版的书中对相关情况进行了详尽的叙述。

虽然这项工作异常辛苦，但却非常值得。10年间，公园管理局及其合作伙伴将加州国家公园中与熊相关的事故数量减少了90%以上。随后的研究表明，优胜美地国家公园中的熊已经恢复了以自然食物为主的饮食习惯。每天都有成千上万的游客涌入这些公园，让熊和人类保持距离，至少是和人类的午餐保持距离的工作将永远不会结束。不过，这是美国野生动物管理中一个巨大的成功案例。如今，这些国家公园里的熊更加难以被发现，它们在很大程度上又恢复了野性。

对于生活在美国城市及其周边地区的大量黑熊来说，情况却并非如此。国家公园初期所遇到的挑战在那里不断上演。

数十年来，黑熊一直在美国的山区小镇周围出没。优胜美地峡谷就是这样的一个地方。尽管在酷夏，拥堵的交通、尘土飞扬的停车场、价格高昂的酒店和遍地的连锁快餐店使它看起来犹如一座城市，但坐落于国家公园之内就是该地最大的特别之处。公园管理局的使命是保护其所监管的区域，同时也使人们能够尽情享受这些区域的资源。为了实现这些目标，公园管理局对这些区域拥有完全的控制权。当出现问题时，就像20世纪70年代黄石国家公园里的熊所引发的问题，公园管理局就会受到指责。但是，当一切顺利时，就像21世纪初优胜美地国家公园中的情况一样，公园管理局就会获得赞誉。

大多数城市所面临的困境则恰恰相反。城市没有明确的使命。相反，它们拥有许多机构，每个机构都承担着各自的职责，而居民们的观念和利益考量也各不相同。城市由私有土地和公有土地构成，两者受不同的规定和条例约束。新的政策往往充满争议，落实并令人们遵守这些政策是一个漫长而微妙的过程。

但是，熊可不在乎这些。大约在1980年，关于黑熊的目击报告开始在全美各地的城市不断增加。一些一直有黑熊出没的城市，如安克雷奇、博尔德和米苏拉。出现了更多的熊、遭遇了更多的突发状况并引发了更多的争议。在这些地区，经验有时能够帮助人们采取周全而有效的方法。然而，对于大多数城市来说，这是一个新课题。就像当初遇见郊狼的情况一样，最常见的反应就是过度反应。

以大洛杉矶地区为例，黑熊在那里有着一段悠久而奇特的历史。在该地区生活了至少100万年后，黑熊于大约2万年前从今天的南加州神秘消失了（一些古生物学家怀疑，在冰期，该地的气候变得更加寒冷干燥，森林覆盖率随之下降，导致黑熊向北迁徙）。20世纪30年代，优胜美地国家公园的官员将28头造成麻烦的黑熊运往南加州，以供洛杉矶国家森林公园和圣贝纳迪诺国家森林公园中的露营者观赏。50年后，这些优胜美地黑熊的后代开始在洛杉矶山麓郊区现身。

缺乏在城市地区处理大型野生动物经验的官员们往往会应对失误。例如，1982年6月21日的清晨，天还未亮，警察和野生动物管理员已经在洛杉矶市郊的高档街区用了3个小时追捕一头黑熊。

当天晚些时候，动物管理官员迈克尔·福布尔（Michael Fowble）在接受《洛杉矶时报》采访时表示，他们曾试图在熊被困在一户人家的后院时将其活捉。然而，当他们最终靠近时，这只惊慌而又疲惫的动物采取了本能反应。它发起了攻击，警察随即扣动扳机。为了安抚担心的居民，加利福尼亚州渔猎局的维克·桑普森（Vic Sampson）表示，短期内在洛杉矶市区再次看到熊的概率微乎其微。

站在官员的角度来看，无论他们采取哪种措施，他们所服务的民众都会批评他们。因此，在郊区射杀一头熊，虽令人遗憾，但却是最直截了当的做法。这么做并不会受到任何惩罚，相反，如果让熊逃脱并且有儿童因此受伤，他们将难辞其咎。这样的做法导致的最终结果就是许多并未对人类构成实质威胁的黑熊在美国城市的街头丧生。

两大观点的出现改变了局面，并促使专家和官员们重新思考该如何在城市区域处理黑熊等大型野生动物。调查显示：从 20 世纪80 年代开始，在泰迪熊、斯摩基熊、小熊维尼和瑜伽熊陪伴下成长的美国人认为熊是聪明、迷人、类似人类且值得保护的动物。虽然大多数郊区居民对野生动物知之甚少，但他们珍视包括熊在内的动物们的生命，并提倡对它们进行保护。居民们批评官员们在未尽其他努力的情况下贸然杀死这些动物，同时呼吁采取更为人道的应对措施。当科学家和野生动物管理人员开始质疑捕捉或处死的做法是否安全和有效时，这种应对策略又一次成为众矢之的。由于未能妥善处理垃圾，城市引来了熊；由于在熊目击事件中过度使用武力，熊出没的风险进一步升高，是时候做出改变了。

一些新的想法源自出人意料之处。在离优胜美地国家公园不远的滑雪小镇马姆莫斯湖，一位自称"没受过教育的乡巴佬"的怪人史蒂夫·西尔斯（Steve Searles）发现了问题的症结并给出了解决方案。他曾参演了2011年上映的真人秀节目《熊语者》。之后，因为这部影片，他也收获了"熊语者"的美名，但他本人显然更钟意于"熊喊者"这一称呼。1996年，马姆莫斯湖警察局聘请西尔斯来解决在镇上造成麻烦的16头黑熊。西尔斯之所以被聘用，似乎是因为他从小就精通狩猎和捕鱼，再加上他1.93米的身高。对于射杀熊，西尔斯并没有道德上的负担。然而，他很快意识到，从实际角度出发，这么做只是在助长恶性循环。他向《洛杉矶时报》表示："死去的熊学不到任何东西。如果你杀了一头熊，另一头就会从山上下来取而代之。"

也就是从这时起，他兑现了"熊喊者"的美名，开始"大声疾呼"。西尔斯没有射杀当地的黑熊，而是展开了一场"恐吓"这些毛茸茸的强盗的运动。他还推动城市加强垃圾管理并教育居民和游客。在一系列闹剧般的事件后（其中一些还在真人秀节目中被播映），有些人认为西尔斯的所作所为弊大于利。但是，结果却不言自明。留下的熊从这位手持棒球棒的疯子那里得到了教训，但它们活了下来，也学到了东西。此后，该镇熊的数量趋于稳定，意外事故的数量也直线下降。

当西尔斯开始工作时，他喜欢以讽刺的言辞，例如"熊基本上是一个长有四肢的胃"，来挑衅大众。在2020年西尔斯突然退休之前的那几年里，他喜欢将镇上悠闲的熊比作他最喜欢的乐队。他说，马姆莫斯湖的熊就像是"感恩的死者乐队"。但事实恰恰相反，多亏了西尔斯，当地的熊才能庆幸自己还活着。

视线回到新泽西州，黑熊们的故事出现了转折。2003 年，该州举行了 33 年以来首次合法的猎熊活动。2006 年，州长约翰·科尔齐纳（John Corzine）暂时调整了政策，发布了一项为期 3 年的猎熊禁令。到了 2018 年，州长菲尔·墨菲（Phil Murphy）签署行政命令，禁止在州属土地上猎杀熊。然而，这两项政策都未产生实质性的效果。2003 年至 2020 年期间，新泽西州的猎人共猎杀了 4082 头熊。2019 年秋天，摩里斯县郊区的一名猎人将一头 317.51 千克重的庞然大物收入囊中。该黑熊被认为是有史以来被弓箭猎杀的最大个体。这也为新泽西州创下了首个狩猎相关的世界纪录。

从州政府管理者的角度来看，新泽西州的猎熊活动是一个成功的案例。他们的目标是培养健康的野生动物种群，以支持可持续的狩猎活动。大多数运动爱好者也持相同的观点。然而，反对者则认为，管理熊未必需要杀死它们，每年秋季的猎熊活动只不过是一场屠杀。媒体报道往往关注极端观点和最响亮的声音，但研究表明，该州大多数居民持中立立场。在他们看来，熊是重要和有价值的动物，理应获得人道的对待；同时，狩猎活动需受到妥善监管，而投喂熊的人则应受到惩罚。在这一背景下，"Pedals"的故事展示了美国人不仅在为城市中的野生动物发展新的学科和制定相关的政策，而且还在积极尝试建立一套新的道德规范，以便在人口稠密的城市地区与黑熊等动物和谐共处。

在新泽西州郊区流浪的两年时间里，"Pedals"成为一场激烈辩论的焦点。它右前掌缺失，左腿受伤，若非先天畸形的话，那就是后天遭受了重创。"Pedals"的两位忠实粉丝，萨布丽娜·帕格斯利（Sabrina Pugsley）和丽莎·罗斯-鲁布拉克（Lisa Rose-Rublack）为它筹集了近2.5万美元，并在请愿书上收集了30万个签名，要求捕获"Pedals"，为其提供兽医治疗，并将其移送至州内北部的一处保护区。官员们拒绝了这一倡议，他们表示，"Pedals"是野生动物，尽管外表有所欠缺，但它看起来很健康。然而，他们的言外之意其实是，熊并不是值得怜悯的个体，而是需要作为资源来管理的种群成员。更有猎人在网上宣布，如果"Pedals"正在遭受痛苦，他将很乐意帮助这只熊脱离苦海。

2016年10月10日，"Pedals"的好运走到了尽头。一名猎人通过社交媒体跟踪它，给它下诱饵，并在罗卡韦的一处高尔夫球场附近用弓箭射中了它。在年度狩猎季开放的第一天，新泽西最著名的熊即成为目标。一周后，该州公布了一系列惨不忍睹的照片。在照片中，一头右前掌缺失的熊被铁链悬挂在州政府的检查站内，该动物重达151.5千克。官员声称，只有进行基因测序才能确定该熊的"身份"，但"Pedals"的拥护者一眼就认出了它。之后，"Pedals"便彻底从公众的视线中消失了。在该狩猎季，新泽西州的猎人们共猎杀了创纪录的636头熊。

同年12月，在《纽约时报》上，作者乔恩·穆阿莱姆（Jon Mooallem）在悼念大卫·鲍伊（David Bowie）、穆罕默德·阿里（Muhammad Ali）、格温·伊菲尔（Gwen Ifill）和安东宁·斯卡利亚（Antonin Scalia）等人的文章旁，为"Pedals"发布了讣告。这是《纽约时报》首次为一头熊发布讣告。回顾完"Pedals"的一生后，穆阿莱姆总结道："它代表了某种东西，我们或许永远无法就其含义达成共识。"

然而，"Pedals"肯定代表了一样东西，即人类为实现与野生动物的和谐共存所面临的挑战，尤其当越来越多的人和越来越多的动物同时栖身于同一片狭小的空间时。它类人的外貌模糊了人与熊的界限，从而令相关问题更为尖锐。"Pedals"已然离开，但人类和熊的故事仍将继续。

第八章

栖居之地

白头海雕是北美洲最具辨识度的鸟类，它拥有标志性的白色头部、黄色爪子和钩状的喙。一只成年白头海雕的体重可达 6.35 千克（雌性比雄性还要重 25% 左右），翼展可达 2.13 米。1782 年，当大陆会议选择白头海雕作为美国的国鸟时，这种鸟类在最初的 13 个殖民地以及从墨西哥湾一直延伸至白令海的整个北美大陆都有广泛分布。然而，盛名和威严的外表并没能为其提供保护，同其他猛禽一样，白头海雕也遭受了诸多威胁，包括栖息地丧失和各种手段的捕杀。水污染，尤其是第二次世界大战期间研发出的强效杀虫剂 DDT（化学名为双对氯苯基三氯乙烷）所造成的水污染，使得它们的数量进一步减少。到了 20 世纪中叶，除阿拉斯加州外，这一美国国鸟几乎在全国范围内都面临着绝迹的风险。

1918 年生效的《候鸟协定法案》为白头海雕提供了最初的法律保护，随后，1940 年的《白头海雕保护法案》、1972 年的《清洁水法案》和 1973 年的《濒危物种法》强化了保护措施。以上法案以及各州和地方的各项举措都取得了显著的成效。到了 2000 年，"缺席"了数十年的白头海雕在美国部分地区的天空中再次展翅翱翔。

匹兹堡就是这些地区中的一个。20 世纪 70 年代，白头海雕几乎已经在宾夕法尼亚州绝迹。1983 年，该州从加拿大萨斯喀彻温省引进了 88 只白头海雕，启动了该物种的恢复计划。随着时间的推移，这些引进的海雕逐渐站稳了脚跟。2010 年，一对白头海雕在匹兹堡周边搭建了该物种在该地区 150 年（甚至可能是 200 年）以来的首个巢穴。到了 2013 年，又有两对白头海雕选择在匹兹堡市内筑巢，其中一对将巢筑在山坡之上，那里可以俯瞰一处位于海斯街区的金属废料场。该街区位于莫农加希拉河河畔，距离市中心还不到8000米。

根据《匹兹堡邮报》的报道，在那年春天，海斯街区的这对白头海雕成了"鸟类摇滚明星"，每天都有一大群人聚集在附近的观鸟点观赏它们，对于鹰类的狂热席卷了整座城市。若想理解为什么这么多的匹兹堡人会对该市的白头海雕如此热情，便要清楚一点：在许多当地人眼中，它们不仅仅是鸟类。

作为美国的工业重镇，匹兹堡依靠金属加工业和金属制造业发展壮大，但这些产业对环境造成了巨大的破坏。1866年，当作家詹姆斯·帕顿（James Parton）从克利夫街向北俯瞰阿勒格尼河时，他描绘了一幅既可怕又美丽的景象："山峦之间的整个空间都弥漫着黑烟，烟囱隐藏其中，喷出火焰，深渊中传来数百台蒸汽锤的轰鸣声。浓烟有时会吞噬火舌，但风很快会将烟雾驱散，昏暗的火光再一次将黑色的广袤大地唤醒。"用帕顿的话来说，"这是一个与尼亚加拉瀑布一样震撼人心的场面……就仿佛地狱揭开了盖子。"

到了20世纪中叶，帕顿笔下的地狱俨然成了天堂。在这座拥有数以万计稳定且高薪的蓝领岗位的城市，多元化的移民和族裔社区蓬勃发展。然而，这一经济基础在20世纪70年代开始崩溃。当钢铁产业于10年后坍塌时，匹兹堡发现自己已成为美国新"锈带"的中心，数以千计的民众陷入贫困，成千上万的人选择离开匹兹堡，前往"阳光地带"和西部地区。

从20世纪90年代开始，衰败的匹兹堡开始重塑自我，依托医疗保健、教育和旅游业，整座城市开启了不可思议的复兴之旅。随着蓝领阶层让位于白领阶层，社会不公平现象日益突出，许多居民未能从这一转型中获益。然而，当地的环境却开始从150年以来的破坏中恢复过来。树木重新爬满了山坡，长期以来一直处于全美末流的水质也逐步得到改善，一些鱼类甚至还重返了河流。

对许多匹兹堡人来说，海斯社区的白头海雕不仅代表着匹兹堡的复兴，还象征着大自然的恢复力以及人类与野生动物在更清洁、更环保的21世纪城市中和谐共存的希望。保护主义者和动物爱好者都难掩他们的喜悦之情，宾夕法尼亚州狩猎委员会的汤姆·法兹（Tom Fazi）问道："你是否曾料想到自己有朝一日能在阿勒格尼县目睹3对白头海雕筑巢？"

然而，在保护鸟类的同时，能引起公众的关注需要技巧和耐心。官员和专家可以向匹兹堡的民众普及"鹰类的礼仪"，例如敦促粉丝们离巢穴至少300米远，但他们仍然担心，用当地奥杜邦学会主任吉姆·邦纳（Jim Bonner）的话说，"一些莽夫会做一些可能吓到白头海雕的傻事"。

同时实现保护鸟类和引起公众的关注这两大目标的其中一种方法就是安装摄像机。当时，随着价格下降、电池寿命延长、太阳能充电器的改进以及网站能够存储大量流媒体视频，巢穴摄像头、颈圈摄像头、移动触发式和其他数字图像捕捉设备正变得越来越受欢迎。通过与当地公司合作，狩猎委员会在海斯街区的白头海雕巢穴上方安装了一个摄像头，全天候直播巢内的情况。

对野生动物生活的窥视很快向着"真人秀"的方向发展。第一段小插曲发生在2014年冬天，一只在巢穴下方活动的白尾鹿曾导致摄像机短暂断电。同年 2 月 26 日，一只浣熊突袭了鹰巢，视频的观赏性瞬间大大提升。当时正在孵蛋的母鹰迅速张开翅膀，摆出一副随时迎战的架势，当它用那如开罐器般锋利的尖喙啄向入侵者时，浣熊吓得落荒而逃。

虽然拍摄过程中并未有任何动物受伤，但野生动物专家预测观众将目击到更多令人心碎的画面。匹兹堡动物园的亨利·卡普尔齐克（Henry Kacprzyk）表示，"上帝转动了命运的车轮"。然而，他似乎忘记了宾夕法尼亚州的白头海雕是从加拿大引进的。"一切就这样发生了，动物生死往复，自然规律。我们不能也不应该试图干预每一只动物。"他补充道。而几乎同一时间，在邻近的新泽西州，官员们正使用近乎相同的措辞谈论着黑熊"Pedals"。

那年的春夏季，匹兹堡的居民们亲眼见证了这对海雕夫妇度过了它们最为顺利的一年，一窝中的 3 只雏鸟全部顺利成长。第二年春天，当这对伴侣的两颗蛋都不幸在巢中破裂后，悼念者们在附近的栅栏上留下了玫瑰花和慰问卡，其中不乏"明年继续努力，鹰妈和鹰爸，我们爱你们"等煽情的手写留言。一时间，这些鸟儿不仅成为一座复兴城市的象征，还同小鹿斑比一样，体现了一夫一妻制的异性关系、尽职尽责的父母以及核心家庭等价值观。

是时候认清现实了。2016 年 4 月 26 日下午 4 点 24 分，一只成年白头海雕和两只雏鹰待在巢中，另一只成年白头海雕则带着晚餐归来。这一刻，匹兹堡的市民在屏幕前惊诧地目睹了这个家庭将一只小猫活生生地撕碎、肢解并吞食的场景。突然间，城市的英雄似乎要成为社会的弃子。几十年前，事态或许会如此发展，但时代已然改变。在视频的评论页面，一些观众对这个模范家庭吃掉另一个家庭的宠物表示震惊，而另一些观众则责怪猫主人未能照看好自己的宠物。有些人指出，白头海雕多年来一直在镜头前"大快朵颐"松鼠、老鼠和其他小型猎物，而公众对这些动物并未表现出太多的怜悯之情。还有少数人表示，考虑到每年有数十万只鸟类被猫捕杀，这些白头海雕吃掉一只小猫还远远算不上"报仇雪恨"。一位评论者甚至留言道，他正在考虑给女友的吉娃娃添加一些"调味料"。

这一事件揭示了两个重要的教训。首先，巢穴摄像头和其他野生动物监控设备所呈现的不仅仅是被记录的动物，还包括屏幕前的观看者。其次，城市中的野生动物并不是寄生虫或是以人类垃圾为生的"懒汉"，它们是复杂生态系统中的一员。像白头海雕这样的动物之所以能够在城市地区生存，是因为这些地方提供了它们所需的资源，包括筑巢的场所和赖以为生的食物。一些科学家花了几十年时间才认识到这些基本事实，而目睹整起事件的匹兹堡鹰迷们仅花了几秒钟就恍然大悟了。

现代生态科学的一大缺陷是，长期以来它对大多数人生活的地方知之甚少。尽管生态学家们终于开始在这方面有所行动，但他们花了很长时间才意识到这一点。其中一个原因是，生态科学起源于西方社会，而西方社会有一个悠久的传统，即在自然和文化之间划定明确的界限。这种思维方式可以追溯至古希腊时期。在柏拉图的《理想国》中，他将理想的城市或城邦定义为一个旨在提升公民道德品质和智慧的公正和善良的社会。在亚里士多德的《政治学》中，城市被定义为一群为了追求美好生活而聚集在一起的人所构成的社群。城市是文化、艺术和知识的领地，而城市之外则属于野兽、未开化的人和未兑现的潜能。生活在城市中就意味着成为一名真正意义上的公民。

几个世纪以来，伟大的思想家们在乡村和城市、自然和文化之间站队。举例来说，在启蒙运动时期，伏尔泰歌颂了城市生活的益处，他曾两次被驱逐出他所钟爱的巴黎，而巴黎是当时西方世界的知识中心。对于伏尔泰的竞争对手、"浪漫主义之父"卢梭来说，培养力量、美德、独立和智慧的地方是乡村，而不是城市。

这种分歧在西方文化中根深蒂固，但在此基础上发展起来的生态学领域直到 19 世纪末和 20 世纪初才开始萌芽。20 世纪 10 年代，欧洲和北美的进步知识分子和改革者已经创立了多个应用科学领域，包括林业和区域管理。尽管生态学始终具有较强的理论倾向，但与其他新兴学科一样，它也必须找到自己的生存空间。在北美洲，这通常意味着专注于国家公园等自然保护区，研究人员可以在离人类影响最远的自然环境中开展工作。

从 1916 年开始，新成立的美国生态学会积极游说，希望建立服务于研究和教学的自然保护区。根据该学会的首任主席维克托·谢尔福德（Victor Shelford）的说法，"一个从原始栖息地的自然规律中汲取灵感的生物科学分支必须依赖于保护自然区域来解决许多问题"。谢尔福德深知大多数自然保护区都有着被人类利用的漫长历史，而"自然"也仅是一个相对的概念。谢尔福德和他的同事在实验室，甚至在城市或农场进行实证研究。然而，他们对自然区域的重视产生了深远的影响。随后的几代生态学家普遍认为城市地区不值得研究，只有最原始的地方才有助于科学家汲取关于自然的重要知识。

20 世纪 30 年代，为了维护生态学作为一门严肃科学的声誉，美国生态学会的领导人认为保护大自然是保护组织而非学术团体的职责。谢尔福德和他的追随者们为此还创立了一个新的组织——生态学家联盟，以推动这项事业。之后，该组织更名为大自然保护协会并发展成为全球最大的自然保护组织。1937 年，又一批人员从美国生态学会分离出来，成立了一个名为野生动物协会的野生动物管理者团体。隶属于该组织的管理者们继续运用生态学原理和方法，但随着时间的推移，他们的领域逐渐脱离了科学基础，转变为猎人、渔民、农民和牧场主提供服务的行业，而这些服务对象几乎都在乡村地区生活、工作或消遣。

不过，也有一小部分科学家和博物学家在城市工作。19 世纪至20 世纪初，科学和教育机构聘用了第一代专业的博物学家，其中许多动物学家、植物学家和古生物学家前往偏远的荒野采集或购买标本，以丰富他们雇主的馆藏。回到城市，他们则制作标本、策划展览、授课和撰写论文。这些人常发现自己更渴望投身户外，于是他们开始在城市周边寻找可以亲近并研究大自然的地方。在这一过程中，他们成为第一批真正的城市生态学家。

最初，对城市野生动物的研究大多侧重于鸟类。与几十年前就被驱逐出城市的其他陆生动物不同，本土鸟类仍留在城市中，但很多物种身陷困境。栖息地丧失和虫害防治工作对鸟类造成了毁灭性的影响。维多利亚时期的制帽业每年捕杀约 500 万只鸟，用它们的羽毛来装饰女帽。该行业不仅展示了鸟类的美丽和多样性，同时也警示人们关注鸟类所面临的威胁。

美国自然博物馆的鸟类学家弗兰克·查普曼（Frank Chapman）所领导的"奥杜邦学会"提高了人们对这场屠杀的认知。1886 年，查普曼在纽约市的高档购物区漫步了两个下午，期间他一共发现了542 顶饰有羽毛的帽子。他能从中辨认出至少来自 40 个物种的原材料，包括猫头鹰、太平鸟、唐纳雀、长刺歌雀、鸽子、鹌鹑以及多种鹭科和鸥科鸟类。公众的宣传和抵制行动减少了对羽毛饰品帽的需求，但这一潮流在之后的几十年间依然存在，直到《候鸟协定法案》，明令禁止捕杀鸟类以供时尚之用。

1900 年，查普曼提议在圣诞节期间开展鸟类普查活动，这一活动现在被称为"圣诞节鸟调"（鸟类调查），他希望以此来取代那些臭名昭著的比拼射杀鸟类的节日狩猎活动。新的活动既能提高公众意识，又能产生宝贵的科学数据，同时还不会造成流血事件。在接下来的几十年里，光学技术飞速发展，包括高质量且价格适中的望远镜和照相机相继问世，使得射杀不再是观鸟的先决条件，这项活动也因此变得更为容易。查普曼的鸟类普查并不局限于城市，但它始于城市，城市中的鸟类爱好者也一直都是其最热情的参与者。如今，"圣诞节鸟调"已成为世界上传承最久、最成功的公民科学项目之一。

同样在 20 世纪初，欧洲的生态学家开始探索人类所主导的景观。尽管欧洲的哲学家曾帮助制造了自然与文化的分界线，但欧洲大陆的地理现实却在一定程度上模糊了这一壁垒。欧洲大陆有着稠密的人口分布以及悠久的人类历史，但却缺少大面积的未开发自然区域。随着时间的推移，自然与文化之间的边界在欧洲变得不再清晰。欧洲大部分地区也缺乏像在北美和澳大利亚等地广泛流传的荒野神话，殖民者在上述两地通过假装发现新大陆来为自己的征服行动辩解。

这种情况在英国表现得尤为明显。在英国，不同政治派别的思想家们都崇尚"永恒乡村"的理念。这一理念将自然与文化的精华相融合。阿瑟·坦斯利（Arthur Tansley）是该理念最著名的支持者之一，他于 1913 年成为英国生态学会的首任主席。坦斯利致力于保护英国乡村并因此被授予爵位。他认为人类和牲畜是独特文化景观中的重要参与者，这一景观历时数个世纪才最终形成。如果人类帮助创造并维系了这一景观，那么人类顺其自然地也应该被纳入对该景观的生态研究中。

第二次世界大战后，城市生态学在那些遭受轰炸和焚毁的城市开始萌芽。第一本完全聚焦城市地区自然史的著作是理查德·菲特（Richard Fitter）于 1945 年出版的《伦敦自然志》。菲特曾在伦敦政治经济学院进修过社会科学，也曾在战时对公民士气开展过研究。对他来说，伦敦的动植物体现了该国自然和民众的韧性，这股力量贯穿于至暗的伦敦大轰炸及之后漫长的恢复和重建期。许多关于战后废墟景观的调研工作都在德国展开，西柏林的荒地为勇敢的生态学家提供了独特的实地研究场所。20 世纪 70 年代，赫伯特·苏科普（Herbert Sukopp）启动了一项开创性的研究。该研究记录了废弃场地和碎石堆上植被的变化，旨在为这座被枪炮、检查站、哨塔和围墙所包围的城市塑造一个崭新的绿色未来。

视线回到美国，第一代野生动物管理者强调了城市动物的价值。早在1933年，该领域的奠基人奥尔多·利奥波德（Aldo Leopold）就写道："对于一个村庄而言，一对棕林鸫要比周六晚上的乐队演出更具价值，而且成本也低得多。"野生动物协会的首任会长鲁道夫·班尼特（Rudolf Bennitt）曾企盼，"有朝一日，我们将听到人们讨论如何管理鸣禽、野花和城市生物群"。然而，很少有人响应他的号召，大部分生态学研究的野外工作仍然在未开发的地区进行。

20世纪60年代，要求科学家研究城市环境的呼声日益迫切。加州的环保主义者雷蒙德·达斯曼（Raymond Dasmann）呼吁他的同行们"走出森林，走进城市"。他认为，生态学家可以帮助重塑城市地区，使之成为一个通过与生物自然接触，每个人的日常生活都能得到最大程度丰富的地方。对于达斯曼来说，"新式环境保护"的核心不仅在于关注乡村地区自然资源的可持续利用，还在于关注环境的整体质量。

保护组织和政府机构纷纷响应。美国鱼类及野生动物管理局分别于1968年和1986年举办了两次关于城市环境的会议。1985年，美国国家公园管理局将其位于华盛顿特区的"生态服务实验室"更名为"城市生态学中心"。美国国家野生动物联合会和公共土地信托基金会支持了一些规模不大的城市项目。野生动物协会则设立了城市野生动物委员会。该委员会发布了支持性声明，对正在进行的活动展开了调研，并为州和地方层面的计划提供了指导方针。

然而，许多有影响力的生态学家仍旧不以为然。霍林（C.S.

Holling）和戈登·奥里安斯（Gordon Orians）警告人们不要"不加批判地、过度热情地"接纳城市生态学，他们认为城市研究缺乏连贯性和严谨性，介入城市问题会让科学家陷入政治的泥潭。他们的观点对年轻学者产生了影响。举例来说，行为生态学家安德鲁·希赫（Andrew Sih）曾回忆说，当他于 20 世纪 70 年代在加州大学圣芭芭拉分校攻读硕士学位时，导师曾把他拉到一旁，建议他"专注于原始的、自然的生态系统，毕竟，我们的目标是理解大自然"。根据当时的主流观点，城市等人工环境并不属于大自然。

1985 年，当时在巴尔的摩市外的城市野生动物研究中心工作的劳厄尔·亚当斯（Lowell Adams）发现，北美只有不到十分之一的大学开设了有关城市野生动物的课程。2000 年，他进行了第二次调查，结果显示情况并未有实质性改善，学术界和相关机构在应对短期和长期的城市野生动物管理问题上所做的准备着实有限。

实际问题也阻挠了许多有前景的倡议。在城市开展实地工作往往困难重重。在那里，大部分土地为私人所有，说服人们允许在自家后院进行野生动物研究并非易事。而在公有土地上，繁文缛节则比比皆是。根据美国自然博物馆的"哥谭郊狼项目"负责人马克·韦克尔（Mark Weckel）的说法，当他和同事就在纽约市研究郊狼向纽约市公园与娱乐管理局申报研究许可时，对方还从未受理过类似的请求，因此不得不为此制定一项新的政策。对于该项目，纽约选择了合作，但其他城市却不太愿意或不太能够为研究提供便利。

经费也一直难以得到保障。1997 年，美国国家科学基金会将巴尔的摩和菲尼克斯纳入其由联邦政府所资助的长期生态研究网络，两地对城市自然的研究工作也因此获得了支持。两座城市的研究团队采取了不同的策略。菲尼克斯的研究小组倾向于从生物学和物理学角度关注城市生态系统，而巴尔的摩的研究小组则更加强调社会和经济问题，包括"环境正义"。尽管两地不断涌现出丰硕的研究成果，但国家科学基金会的许多评审人员仍然持怀疑态度。鸟类学家约翰·马尔兹拉夫（John Marzluff）曾透露，在基金申请书中他有时会将自己在西雅图对短嘴鸦的研究包装成对世界其他地区相关濒危物种的保护工作提供见解。然而，评审人员却经常反问："既然我们对自然栖息地中的濒危物种了解如此有限，为什么还要为生活在城市中的常见鸟类提供研究经费呢？"鸟类学，这个拥有最悠久城市传统的动物学领域尚存在这一问题，足以窥见说服资助者支持城市野生动物研究是多么困难。

即使在 1996 年，"城市回避者""城市适应者""城市开拓者"等术语的缔造者罗伯特·布莱尔仍然可以这样写道："关于城市化对生态系统、群落、物种和种群的影响，我们知之甚少，因为生态学家主要在原始或相对原始的环境中工作。"5 年后，生态学家斯图尔特·皮克特（Steward Pickett）及其同事们对当时城市生态研究的现状进行了回顾，情况是喜忧参半。生态学家已经意识到人类对自然生态系统的影响程度，并出版及发表了大量关于城市生态系统的书籍和文章。然而，这些已发表的研究成果究竟意味着什么，对于未来的影响又是什么，答案皆是未知。对城市野生动物的研究依赖于不太可靠的方法和过时的生态理论，同时还缺乏核心议程、组织原则、关键问题清单和专门的团体。最后，皮克特及其同事总结道：

"城市栖息地构成了生态研究的一个开放前沿。"

21世纪初是城市生态学和野生动物工作的一个重要转折点。相关的期刊论文、书籍、专业组织和会议的数量皆成倍增长。大学纷纷聘请新的教职人员并开始培养更多的学生，部分城市和州还着手设立或扩展各自的野生动物教育和管理项目。

在经历漫长的起步试探阶段后，一些因素推动了城市生态学在21世纪的发展。2007年，全球城市人口数量首次超过了乡村地区。许多美国城市已经从数十年的去工业化、投资缩减和衰败中恢复过来，如今已具备资源和能力植树造林、处理闲置的土地和受污染的水域，以及打造、修复或扩大开放空间和公园系统。野生动物在城市地区的存在感日益增强，从而激发了公众的兴趣。新一代的年轻学者，其中包括更高比例的女性科学家，开始将目光投向城市。在那里，他们在兼顾个人和家庭义务的同时又能追求他们的事业。

在美国的环境思想中，自然与文化的传统界限也开始变得模糊。2000年，大气科学家保罗·约瑟夫·克鲁岑（Paul J. Crutzen）向公众普及了"人类世"这一术语。他和其他人将其定义为当前的地质时代，在这个时代中，人类已成为塑造地球地质、生态、化学和气候的重要力量。尽管"人类世"的概念已经存在了数十年，但在2000年之后，它与相关的理念交织在一起，具有了新的紧迫性并启发了公众的想象力。如果"人类世"的一大重要驱动力是城市化，那么更多的城市生态学研究将有助于我们了解这个不断变化的星球。

2016年，皮克特和他的同事再次回顾城市生态学的现状。他们写道："生态学作为一个整体似乎已经意识到城市地区是一个适宜的研究对象。城市生态学已经从一个小众冷门领域发展成为被广泛追求并以理论为驱动的生态学领域。"15 年前，皮克特将城市生态学描述为具有两个主要分支：一个分支侧重于研究城市中动植物的相互作用，另一个分支则主攻物质和能量在城市中的流动。此后几年，城市生态学又衍生出了第三个分支，该分支旨在推动城市地区的可持续发展。城市生态学也由此加入了一场规模更浩大的运动，通过将生态学重新定位为一门具有实际应用价值的生物科学，使得生态学这个领域得以全面的发展。

距离匹兹堡近 6.437 千米的乌纳拉斯卡给人以一种世界尽头的感觉，仅约 4500 人的常住人口使其几乎算不上一座城市。尽管规模较小，但乌纳拉斯卡却因以下四点而颇负盛名。首先，该地的荷兰港是第二次世界大战期间美国极少数遭到袭击的地区之一。其次，乌纳拉斯卡还是全美最富饶的渔港。第三，热播真人秀电视剧《致命捕捞》曾在该市取景。最后一点则与匹兹堡有关。荷兰港同匹兹堡一样，也是白头海雕的家园，而且白头海雕数量十分庞大。

当作家劳雷尔·布赖特曼（Laurel Braitman）到访荷兰港时，她经历了一场"希区柯克式的噩梦"。大约有 650 只白头海雕在那里安家落户（平均每 7 人就有 1 只鹰），它们使当地陷入了混乱。布赖特曼描述道："它们有时在灯柱上审视着人群，有时专注地窥探着居民的窗户，有时还在学校旁的树上吃着狐狸和海鸥。当它们栖息在屋顶上时，宛如活的风向标一般。"在码头上，它们包围船只、骚扰渔民、偷吃鱼饵。它们争吵、尖叫、打闹。

一位名叫安德烈斯·阿尤雷（Andres Ayure）的海岸警卫队中尉曾这样回忆自己在乌纳拉斯卡的惊魂经历。在到达该地的第三天，他徒步登上了附近的巴利胡山。当他下山时，一只白头海雕袭击了他。在发起了十多次的俯冲攻势后，大鸟最终带着他的手机扬长而去。阿尤雷被吓得不知所措，惊恐万分地呆在了原地。

阿尤雷并不是唯一受到袭击的人。在乌纳拉斯卡，每年大约有10人因鹰造成的伤害（主要是鹰爪造成的头部撕裂伤）前往当地医院就诊，这一数字比黄石国家公园自1872年成立以来被熊杀害的总人数还要多。

乌纳拉斯卡的居民称白头海雕为"荷兰港的鸽子"，而布雷特曼则把它们叫作"肮脏的鸟"。为什么这个偏远的地区会成为美国的白头海雕之都呢？当地官员表示，答案在于岛上丰富的食物资源，这主要归功于荷兰港巨大的渔获量。然而，由于岛上没有原生树木，白头海雕几乎没有合适的栖息或筑巢场所。大量的海雕涌入那里，享受着富足的食物。当需要休息时，它们会选择房屋、电线、木桩或其他任何高出陆地或海平面几十英尺的建筑物。它们与人类相处的时间越长，对人类的恐惧就越少，胆子也就越大。然而，由于多部法律对白头海雕实施了保护，当地官员能采取的遏制手段着实非常有限。

宾夕法尼亚州的白头海雕会成为"匹兹堡的鸽子"吗？这还很难下定论。根据美国鱼类及野生动物管理局的一份报告，2009年至2019年期间，美国本土48个州的白头海雕数量增长了4倍以上。然而，在不同地区，白头海雕的行为会有所不同，而匹兹堡周边的栖息地环境与荷兰港也截然不同。在匹兹堡，食物的分布更为分散，但在森林繁茂的阿勒格尼山脉，寻找栖息和筑巢的场所却十分容易。如果当前的趋势延续下去，宾夕法尼亚州将会出现更多的白头海雕。可以肯定的是，它们会像阿拉斯加州的同胞一样对环境的变化做出回应，即便结果会有所不同。匹兹堡的白头海雕将继续在莫农加希拉河河畔狩猎、觅食、交配、栖息、筑巢和哺育后代。科学家们也将继续研究它们以获得更多的关于城市生态系统和野生动物的信息。只是，鹰妈妈偶尔还会带着小猫回家与鹰宝宝们共进晚餐。

第九章

———

躲避与寻觅

———

城中自然 ｜ 偶然的生态系统

2016 年 3 月 3 日清晨，洛杉矶动物园内一只名为基拉尼的 14 岁树袋熊从围栏中消失了。没有人知道具体发生了什么，但从间接证据来看，所有线索都指向了一名不太可能的罪犯，而它是经历了一系列更加不可思议的事件才最终出现在案发现场。

树袋熊被世界自然保护联盟列为"易危"物种，这一充满魅力的动物正因栖息地丧失和气候变化而面临着日益严峻的挑战。在洛杉矶动物园，基拉尼是备受欢迎的明星动物，每年吸引着成千上万的游客。在生命临近尾声之际，她养成了每晚从树上下来在围栏的地面上漫步的习惯。现在回想起来，这个习惯的确不太明智。

在基拉尼失踪前的几周里，动物园周围多个灌木丛中都发现了被肢解的动物尸体，其中包括一只体形与树袋熊相当的浣熊。基拉尼遇害前不久的监控录像曾在事发地附近拍到了"嫌疑犯"的模糊影像：此生物体重约 59 千克，身穿棕褐色的外套。符合条件的"嫌犯"并不多，但真相却令人难以置信。

在基拉尼消失几小时后，动物园的工作人员在距其围栏大约 366 米处发现了它那血迹斑斑、面目全非的尸体。这一切究竟是如何发生的？官方排除了人为蓄意破坏的可能性。然而，园里的其他动物都被关在各自的笼舍中，这意味着凶手肯定来自外部。洛杉矶动物园曾有过外来的野生捕食者残害园内"常住居民"的先例。20 世纪 90 年代，郊狼曾穿过破损的围栏，吃掉了一些珍稀的鸟类。在基拉尼去世前一年，一只短尾猫闯入了另一处围栏，捕杀了两只柽柳猴。但这次的情况却有所不同。在该地区所有野生动物中，只有一种动物能够跃过高达 2.44 米的树袋熊围栏，然后再背着一只

6.8 千克重的有袋动物原路返回。

美洲狮是新大陆上分布最广的陆生动物，其分布可以从加拿大的育空地区一直延伸至南美洲的最南端。美洲狮身披黄褐色的皮毛，肌肉发达，尾巴长而弯曲，头部相对较小。尽管外观特征显著，但美洲狮在野外却难得一见。与杂食性的熊或郊狼不同，美洲狮是肉食性动物，捕食包括马鹿、羊、驼鹿和叉角羚在内的有蹄类食草动物，仅是鹿在美洲狮摄入食物中的占比就可能高达 90%。当钟意的猎物不可得时，美洲狮也会捕食较小的哺乳动物或爬行动物，有时甚至是鸟类。虽然短距离冲刺速度可达每小时 80.47 千米，但由于美洲狮更擅长突然扑杀，所以是伏击型"猎手"。它们的垂直跃起高度可达 4.57 米，水平弹跳距离更是达到了惊人的 12.2 米，可以说 2.44 米的围栏对其根本不构成任何障碍。

几个世纪以来，人们一直通过各种手段捕杀美洲狮。到了 20 世纪 20 年代，美洲狮已被驱除出北美东部的大部分地区，仅在像佛罗里达州的大沼泽地这样的偏远地区保有少数小规模种群。在密西西比河以西区域，美洲狮因为对牲畜构成威胁而遭到迫害，只是对人类的警惕性和对多样化栖息地的适应能力使其得以生存了下来。

在加州，美洲狮拥有着独特而复杂的历史。1907 年至 1963 年期间，牧场主、赏金猎人和州动物管理人员至少猎杀了 12462 头美洲狮，这一数字比其他任何州都要多。1971 年，加州渔猎局首次举办了美洲狮狩猎季，但立法者在一年后就叫停了该项活动，民众的抗议也阻止了进一步的猎杀。1990 年，《117 号提案》获得通过，加州的美洲狮由此成为全美国唯一一种"受特别保护的哺乳动物"。猎人们曾试图撤销或削弱猎杀美洲狮的禁令，但他们的努力却产生了相反的效果。如今，尽管人们仍然担心美洲狮会对公共安全和私人财产构成威胁，但在加州，这种"大猫"却比以往任何时候都更受欢迎。

长久以来，美洲狮一直在洛杉矶的边缘地带出没。这座城市因拥有北美最长、最分明的城市与荒野的分界线而闻名。但是，即使美洲狮已开始从数十年的迫害中恢复，它们仍然倾向于避开人口稠密的地区。2011年，一头孤独的美洲狮，官方称其为"P-22"（P代表Puma，意为美洲狮），开始从马里布北面的圣莫尼卡山脉一路向东进发并最终抵达了好莱坞山和洛杉矶的城市核心地带。

目前尚不清楚P-22究竟是如何实现这一壮举的，但理解它为何要这样做却并不困难。圣莫尼卡山脉是美国唯一一条横贯主要城市的山脉，海岸线和高速公路将山脉与周边的开阔空间隔开。这片灌木丛生的小山脉最多只能容纳约20头美洲狮。作为这个拥挤"社区"中的一头年轻雄性个体，P-22显然是在寻找新的领地。

大多数类似的尝试通常都以失败告终。年轻的美洲狮经常在圣莫尼卡山脉附近的道路上不幸丧生。但是，幸运之神可能眷顾了P-22。2011年7月15日至17日，为重建塞普尔维达山口处的穆赫兰大道桥，加州交通局关闭了405高速公路上一段长达16.09千米的路段。该路段正好将圣莫尼卡山脉与好莱坞山隔开。长达53小时的临时封闭使得全美最繁忙的一段公路变得宁静而空旷。

虽然穿越了405高速公路，但P-22的旅程还远未结束。在之后的几个月里，它悄无声息地穿过了灌木丛生的沟壑和封闭式的社区，路过了流浪汉们的营地和峡谷两侧的玻璃建筑。某天清晨，它可能通过某条地下通道跨越了另一条难以逾越的屏障——101高速公路。2012年，它抵达了位于好莱坞山东端的格里菲斯公园，在周围都是茫茫人海公园内，俯视着洛杉矶市中心的一举一动。

格里菲斯公园占地17.44平方千米，是全美最大的城市绿地之一，拥有游乐场、球场、步道、博物馆、天文台、好莱坞标志以及洛杉矶动物园等设施。虽然美洲狮的活动范围通常可达格里菲斯公园面积的50倍，但P-22却在那里心满意足地安家落户了。公园里的骡鹿以及偶尔出现的浣熊、郊狼和家猫成了它的食物，而茂密的树林则为它提供了藏身之地，虽然有些地方离繁忙的步道仅几步之遥。通过红外触发相机，生物学家很快便发现并捕获了它。在一系列检查后，P-22被戴上了GPS项圈。项圈所反馈的数据显示：尽管P-22经常在人群附近出没，但它已成为躲避人类的专家，在熙熙攘攘的人潮中过着孤独的生活。

在进城生活的头4年里，P-22只遇到过两次麻烦。

第一次，它患上了疥癣，从而不得不被捕获并接受治疗。疥癣是由寄生螨引起的一种可致命的皮肤感染。通常情况下，野生肉食性动物在摄入一定剂量的毒鼠药后，其免疫系统会被削弱，从而引发疥癣感染。P-22的体液中就检测出了毒鼠药的成分，但维生素K的注射治疗帮助它恢复了健康。

P-22第二次遇到麻烦是因为它离开了格里菲斯公园的地界。黎明时分，它发现自己被困在时尚的洛斯费利兹街区一座多层豪宅下的架空层。白天，这只大猫没有给生物学家们以顺利投射麻醉镖的机会，使用网球拍、棍子等工具迫使 P-22 离开架空层的努力也未能奏效。当所有的尝试都以失败告终后，官员们先是驱散了聚集的人群，然后自己也离开了现场。到了第二天早上，P-22 已经躲回了公园中。当地居民并没有担心自己的安危，反而对"大猫"安然无恙表示欣慰。用当时的一位旁观者、瑞士女演员杨宗·布劳恩（Yangzom Brauen）的话来说就是："我们生活在自然公园中，这就意味着要与动物们共存，是我们进入了它们的领地里。"

2013 年，P-22 从一个地方性的奇珍异兽变成了整个地区的吉祥物，甚至是风靡全球的"名人"：它是世界上最著名、最重要的美洲狮。《国家地理》杂志在当年 12 月刊上发表了一篇文章，刊登了史蒂夫·温特（Steve Winter）抓拍到的一张 P-22 的标志性照片。温特曾远赴世界各地的偏僻角落拍摄各种珍稀和罕见的猫科动物。在他为 P-22 拍摄的照片上，一只棕黄色的"大猫"，尾巴优雅，臀部粗壮，佩戴着笨重的项圈，大步流星于山脊之上，身后则是闪闪发光的好莱坞标志。这就是洛杉矶之狮。

P-22 大受欢迎在某种程度上解释了基拉尼去世后当地人的反应。在树袋熊惨死后的几天里，洛杉矶市议员米奇·奥法雷尔（Mitch O' Farrell）表示："这场悲剧表明了有必要考虑将 P-22 迁移到一个更安全、更偏远的野生区域。在那里，他将拥有充足的活动空间而不会受到人类活动的干扰……"奥法雷尔继续说道："尽管我们非常喜欢 P-22，但我们知道这个公园对它来说并不是最合适的场所。"奥法雷尔的同事大卫·刘（David Ryu）的选区包含该公园，他则持有不同的立场。刘认为基拉尼的死是不幸的，但将P-22迁出并非保护野生动物的最佳策略，毕竟美洲狮是格里菲斯公园自然栖息地的重要组成部分。虽然刘并不精通生态学，但他是一位精明的政治家，深谙自己的选区。事发3周后，愤怒的选民对奥法雷尔迁走P-22的提议发起抗议，当事人不得不收回之前的表态，转而改口道"我将全力支持它的生存"。相比奥法雷尔，P-22显然拥有更多的选民。

至于动物园，他们向洛杉矶市民道歉，同时承诺将更好地保护他们所照顾的动物。"我们希望P-22继续留在格里菲斯公园。这是一个自然公园，是许多野生动物的家园。就像它已经适应了我们一样，我们也将继续适应P-22"。动物园发言人艾普里尔·斯珀洛克（April Spurlock）告诉记者。

神奇之旅使P-22在美国第二大城市的中心地带度过了漫长的一生，但也让他陷入了孤独。他将永远不会离开好莱坞山，也几乎肯定不会拥有后代。他的故事诠释了野生动物在城市环境中生存所要面临的挑战，这也是本章将要重点探讨的主题。每一个像P-22这样的个体，背后都有着数十只美洲狮在寻找新领地、伴侣和食物的过程中不幸丧命。即便是对于每一个像东美松鼠或郊狼这样已经在城市环境中如鱼得水的物种，背后也有着数十个已经从人口稠密地区撤离或彻底消失的物种。在城市中穿行，福祸相倚。对于大多数动物而言，这是无法实现的壮举。但对于那些能够做到的动物来说，回报可能是巨大的：新的栖息地、丰富的资源和极少的竞争对手。少数动物甚至可以在好莱坞一举成名。

若要理解像 P-22 这样的动物在城市中穿行所要面对的挑战，从高空俯瞰城市景观不失为一种好方法。大多数的自然区域通常包含形状和大小各异的栖息地区块，其中有的边界清晰，有的边界模糊。从空中俯视，这些区块形成了一幅类似于马赛克的拼贴画。相比之下，城市地区的栖息地类型较少，栖息地的形状则往往呈几何形，它们边界分明，对比强烈，有时各自之间还存在着障碍物。从城市中心向外围扩展，灰色的建筑空间逐渐转变为绿色的林荫空间。在洛杉矶等一些城市，绿色和灰色之间的分界线唐突而又分明，密集的城市区域紧挨着崎岖的山脉。而在另一些城市，如波士顿，绿色与灰色之间的分界线宽广而模糊，绿树成荫的郊区逐渐过渡成田野和森林。总的来说，在栖息地的布局方面，自然保护区与城市核心区大相径庭，它们的差异就像印象派油画与极简主义石雕，一目了然。

无论是从高处俯瞰还是野生动物在地面上实际感受，任何城市景观最显著的特征都是碎片化。在自然区域，资源往往在整个景观中连续分布，从而模糊了相邻栖息地区块之间的界线。而在城市中，清晰的界线、鲜明的间断以及大多数无法被动物利用的空间（比如屋顶和停车场）创造了更多孤立的栖息地区块。由于城市往往将资源集中在小范围内（如花园和垃圾箱），一些区块变得生机盎然，而另一些则一片荒芜。

这使得城市生活对许多物种来说是一场赌博。在仅包含有限适宜栖息地的城市地区，栖息地区块内的野生动物种群相对较小，由此也更容易因暴风雨和疾病暴发等偶然事件而"全军覆没"。孤立的种群无法轻易地与其他种群交配，随着时间的推移，它们可能会发展出独特而实用的特征。然而，更大概率的情况是它们将失去更大、更多样化的基因库所带来的健康和福利。试图穿越周围障碍物的个体可能会在途中丧生。这种脆弱的局面难以长期维系。如果可用的通道无法打开，那么种群规模将会减小，有些种群甚至最终还会消失。

20 世纪 80 年代，保护主义者们开始将孤立的栖息地区块称为"岛屿"。这是一个不完美但很形象的比喻，借鉴于 20 世纪 60 年代兴起的对于真实岛屿的研究。面积较大、离大陆较近的岛屿更容易抵达，这意味着它们往往拥有更稳定、更多样化的动物群落。如果某种动物死亡，来自大陆的另一种动物很可能会取而代之。相比之下，生活在面积较小或较偏远岛屿上的种群（犹如生活在城市中狭小栖息地区块上的种群）要更为孤立，因此也更容易灭绝。

"岛屿"的比喻并不完美。对于陆地动物而言，被人类所环绕的城市栖息地区块包围，其感受与被真正的水体包围大相径庭。在保护程度相同的情况下，相比于真正的岛屿，城市及其周边的绿地往往更容易被人们触及并受到人为干扰，其中不乏骚扰动物或纵火等恶性事件。举例来说，在南加州，每年有数百万人前往圣莫尼卡山脉的休闲区，而鲜有人长途跋涉前往海峡群岛。实际上，海峡群岛只是圣莫尼卡山脉延伸入海后的凸起。同样的情况也适用于许多动物。到达像格里菲斯公园这样孤立的内陆栖息地区块或许还在马里布的美洲狮种群的能力范围之内，但没有个体会试图在大海中游相同的距离前往圣克鲁斯岛。

迄今为止，道路仍然是动物迁移的最大障碍。在美国，只有不到 20% 的土地在 1000 米的范围内找不到道路。每天，至少有 100 只脊椎动物在美国的道路上丧生，车辆撞击是许多生活在城市及其周边的动物最常见的死因。根据一份 2008 年向美国国会提交的报告，因车辆撞击野生动物造成的经济损失高达 80 亿美元，危及至少 21 个濒危物种。相比于大道，宽度较窄、车流量较少、限速较低的小路对动物造成的伤害略小，但即使是最小的道路也可能出人意料地致命。

不同的物种经历道路危险的方式不同，因此它们的脆弱程度也不同。少数物种，例如驼鹿，它们选择在路边分娩以防捕食者攻击新生幼崽，甚至可能因此受益。臭鼬等小型食肉动物经常在道路上丧生，但它们的高出生率通常足以弥补这些损失。据观察，郊狼在穿过繁忙的十字路口前会先等待车辆通过，而鹿在面对明亮的光束时可能会因瞳孔扩大而出现短暂的失明，继而在车灯下僵硬地停滞不前。如果从零开始创造一种最不适合穿越城市景观的动物，那或许是一种像陆龟一样笨拙的圆盘状生物。或者，它可能又细又长，脑袋很小，喜欢在温暖的表面休息，就像蛇一样。在面对迎面驶来的车流时，一些在数亿年间一直行之有效的行为和身体构造仿佛突然过时了。

鸟类是人们最熟悉的城市野生动物之一，很大一部分原因是它们可以避免陆生动物所面临的一些危险。但即使是这样，鸟类也会在城市中大量死亡。鹰、乌鸦、渡鸦、秃鹫和其他食腐动物常常被新鲜的动物尸体引诱到公路上，从而成为下一个牺牲者。更多的鸟类则因撞击建筑物或电线杆而不幸丧生。早在 1990 年，鸟类学家丹尼尔·克莱姆（Daniel Klem）就估算出每年有 1 亿 ~10 亿只鸟类因撞击建筑物而死亡。仅在纽约市，每年约有 25 万只鸟类死于此类事故，相当于每天近 700 只。虽然采用反光玻璃涂层、在鸟类春秋迁徙季减少人工照明以及重点关注高风险地区等举措可以避免许多鸟类的死亡，但迄今为止，相关应对措施并未被大规模付诸实践。

在加州，数个项目正在试图减轻道路和建筑物对动物构成的威胁。在伯克利山南公园大道的部分路段每年都会关闭一段时间以便加州蝾螈从夏季的林间栖息地迁移至冬季的产卵池塘。作为其栖息地保护计划的一部分，斯坦福大学在朱尼佩罗·塞拉大道的某一繁忙路段上安装了一系列屏障和暗沟，他们希望虎纹钝口螈在寻觅配偶时会使用这些安全通道。这些"爱情隧道"是真的帮到了蝾螈，还是仅仅为斯坦福大学带来了良好的声誉，目前尚不清楚。

然而，更大型的野生动物过街通道会非常有效，而且也越来越受欢迎。在北美，一个最好的例子便是在加拿大阿尔伯塔省的班夫国家公园。截至 2014 年，该公园已经在加拿大横贯公路沿线设置了 38 个通道，此举成功地将野生动物撞击事故的数量减少了80% 以上。在美国，规模最大的类似项目将是拟建中的利伯蒂峡谷天桥。该通道位于圣莫尼卡山脉北缘，横跨 101 高速公路。建成后，该项目将成为加州的新地标和美国保护事业的里程碑，包括鹿、郊狼、短尾猫、黑熊以及美洲狮在内的诸多动物都将因它受益。截至2018 年，当地团体已经购买下了 101 高速公路附近项目所需的土地，但是他们仅筹集到 6000 万美元项目预算中的 370 万。可以说，该项目正在与时间赛跑。圣莫尼卡山脉的美洲狮种群被孤立的时间越久，其消失的可能性也就越大。

像 P-22 这样的动物有时会因为寻找庇护场所或配偶而来到城市，但大多数情况下动物的到来是出于饥饿。为了更好理解是什么驱使着野生动物穿越或进入城市，又是什么决定了它们进入城市后的下一步去向，我们有必要将城市地理学的知识与对城市食物网的理解结合起来。

食物网是生命有机体用于营养物质和能量交换的网络。大多数食物网非常复杂，一种有助于理解的方法是将它们想象成一个由不同层级堆叠而成的金字塔，这些层级在生物学中被称为"营养级"。位于金字塔最底端的是生产者，主要包括绿色植物和藻类，它们利用太阳能将无机物转化为有机物，从而为整个生态系统提供能量。初级消费者，如草食性的白尾鹿，以这些生产者为食。次级消费者，如包括东美松鼠和黑熊在内的杂食性动物，以生产者和初级消费者为食。处于金字塔顶端的是三级消费者，其中一些动物，如美洲狮，是纯粹的肉食主义者，以初级和次级消费者为食。当然，食物网中还有无数变化、例外和补充，如罕见的肉食性植物和无处不在的分解者。由于金字塔的每一个层级都存在能量损失的情况，因此在大多数生态系统中，顶层通常只能维持少数像 P-22 这样的顶级三级消费者。

当人们向野生动物提供其原本在生态系统中无法获取的资源时，生态学家将此类行为称为"补贴"。城市食物网之所以如此与众不同，原因之一就是补贴现象似乎无处不在。例如，人们有时会有意地为野生动物提供食物。其中最常见的一种方式是通过鸟类喂食器。尽管这看似是一种无伤大雅的爱好，但相关数据却令人震惊，所产生的影响也日益增大。在美国，每年有 8200 万人会向野生鸟类至少提供一次食物，他们中约有 5200 万人会经常这样做。每年，美国人购买超过 5 万吨的鸟食和 7.5 亿美元的相关设备，支撑着一个价值 35 亿美元的产业。

喂鸟对不同的人群都极具吸引力。研究表明，那些经常喂鸟的人往往要比他们所在社区人口的平均年龄要大。有些人这样做是因为热衷于观鸟，但另一些人则将喂鸟视为一种救赎，以弥补人类对大自然造成的影响。包括美国奥杜邦学会和康奈尔大学鸟类学实验室在内的一些备受推崇的组织都支持这种行为，他们认为这是一种帮助鸟类、保护物种和教育公众的手段。然而，即便是支持者也承认，这样做除了益处之外也伴随着风险。

补充投喂似乎并不会增加某个区域的鸟类多样性，但是它可以通过一系列因素来促进鸟类总体数量的增长。这些因素包括对城市生态系统承载能力的提升，对其他地区鸟类的吸引，允许鸟类在其正常分布范围以外的地区生活，以及促使鸟类更早地在春季产下更多的蛋。通常情况下，体形更大、更具攻击性且不挑食的鸟类更容易因此受益，但补充投喂也能帮助其他鸟类渡过难关，比如在遭遇寒流或干旱等恶劣天气时。目前，几乎没有证据表明任何本地物种作为一个整体已经开始依赖于鸟类喂食器，但是某些个体可能会产生依赖性。喂食可以在一段时间内帮助这些动物，但如果投喂者未能及时添加食物，动物们也将受到伤害。

喂鸟还会导致其他危险。如果喂食器被安置在窗户附近，这或许会增加鸟类撞击窗户的风险。当动物们聚集在喂食器周围时，它们传播沙门氏菌等疾病的风险也随之增加。虽然商业化鸟食的质量已经有所改进，但其对健康的影响仍然存在疑问。此外，鸟类喂食器还会吸引一些不速之客，老鼠、松鼠，甚至黑熊都会"不请自来"。鹰或浣熊等捕食者对鸟的兴趣可能要远胜于鸟食。

鸟类喂食器是一个明显的"补贴"案例，但在城市中，往往很难界定什么是来自外部的补贴，而什么又是城市生态系统自身所产生的资源。人们院子里的果树是补贴还是资源？路边沟渠中的灌溉水为口渴的动物提供了补贴，但它们也是奇特的湿地，吸引了大蓝鹭和雪鹭等优雅的涉禽。修剪后的草坪上有大量的蚯蚓，它们成了旅鸫的食物，这也是一种补贴吗？没有人考虑过用树袋熊来补贴P-22，但我们都知道那里发生了什么。这里重点在于，某些被生态学家认为属于"补贴"的资源，可能更适合被视为城市生态系统的基本特征。在美国，有一类补贴是独树一帜的，那便是食物浪费。

提起城市中的野生动物，多数人脑海里浮现的可能是乌鸦、海鸥、浣熊在垃圾堆里翻找食物的场景，或是2015年因在纽约地铁站的楼梯上拖着一块超大薄饼而走红网络的"披萨鼠"。这并不是什么令人愉快的想法。对于绝大多数人而言，野生动物在垃圾堆中觅食的行为令人作呕。随着过去一个世纪里城市环境的不断改善以及在城市中觅食的野生动物数量的减少，城市居民可能会对此类行为更为敏感。然而，这种反感在某种程度上属于正常的反应，因为从生物学的角度来看，人类似乎天生就会对不卫生的环境感到恶心。

尽管批评动物们利用我们创造的环境是不公平的，但目睹它们食用我们的垃圾又会让我们联想到自己的肮脏，这是谁都不愿意面对的。

这种厌恶感充满了对现实的无奈，又饱含对未来的隐忧。人类学家玛丽·道格拉斯（Mary Douglas）在她于 1984 年出版的著作《洁净与危险》中指出：社会试图通过将事物归为有序的类别来实现秩序。当我们遇到不符合这个秩序的事实、物体或生物时，我们会感到不适或厌恶。我们可能会否认这些违反规则的事物的存在，惩罚它们，强迫它们遵守规则，甚至试图消灭它们。当人们使用"污染""污垢"等词汇时，他们的言外之意其实是"不合时宜的事物"。

然而，许多野生动物却并不这么认为。对它们而言，我们的垃圾只是食物，就应该在那里。我们的残羹剩饭中有很大一部分流入城市的生态系统，然后进入野生动物的胃里。海鸥是世界上最著名的"垃圾场觅食者"之一，它们经常长途飞行至市郊的垃圾填埋场。在那里，它们会在确保能够飞行的前提下尽可能多地咽下食物，之后再飞回巢穴并将食物反刍成营养丰富的糊状物喂给雏鸟。有些在海峡群岛筑巢的海鸥，前往大陆垃圾场的单程飞行距离长达 32.19 千米，这表明它们的收益丰富，值得为此付出这么多努力。这一切看起来似乎有点儿不光彩，但请把注意力放在育儿这一层面，而不是去纠结是否恶心。海鸥的做法与白头海雕将晚餐带回莫农加希拉河上的巢穴，甚至与 2005 年的热门电影《帝企鹅日记》中的史诗之旅并无太大区别，只不过是用墨西哥卷饼和果塔饼代替了小猫和鱿鱼而已。

对于一部分生活在城市中的动物来说，清理人类食物残渣似乎是天经地义的事。尽管浣熊有些名声欠佳，但它们有许多值得钦佩之处。它们聪明、灵活且坚韧。据悉，它们在失去一条前肢或后腿，甚至是失明的情况下仍能在野外存活很长时间。浣熊是尽职尽责的父母，也是一丝不苟的"美容师"，它们通过互相理毛实现共同的仪表端庄。它们擅长攀爬，并能够灵巧地操作旋钮、插销、锁和拉链等人造物品。浣熊清理食物垃圾的能力使它们比其他动物更具优势。与栖息在乡村中的浣熊相比，城市中的浣熊通常拥有更多的后代、更胖的体形以及更长的寿命。在美国中西部和东北部等北温带地区，乡村地区的浣熊的体重在越冬后可能会下降50%，而附近城市地区的浣熊仅会下降10%~25%。对于浣熊来说，这额外的几磅体重可能就是生与死的差别。

如果从食物的角度来审视城市中的野生动物，我们就能理解为什么有些物种可以在城市中生存，而有些则不能。那些挑剔、迁移能力有限的专食性动物通常表现不佳，而那些移动能力出色的机会主义杂食性动物则往往表现优异。在这些机会主义者中，许多动物都是"城市适应者"，有些动物甚至还能被视作"城市开拓者"。

如果我们希望减少这些高度成功的城市动物的数量，一个显而易见的解决方案就是减少食物浪费。食物浪费被广泛视为全球最愚蠢的问题，其根本原因错综复杂，从食物分量和热量密度的增加，到购物车、餐盘和冰箱尺寸的增大，再到杂货店的营销和定价策略，还有带有误导性的保质期限标签，以及对新鲜果蔬产品荒谬的审美标准。然而，这些只是一个更大问题的表面现象。那些更深层次的经济和政治因素，包括廉价石油、农业补贴、移民政策、低廉的农场劳工薪酬、工业化食品加工系统以及跨国农业企业的政治影响力等，共同驱动着我们臃肿的食品体系。

根据美国自然资源保护委员会于 2012 年发布的一份报告，美国人浪费了约 40% 的食物。仅在 2015 年，美国就产生了 3900 万吨的食物垃圾，其中 94.7% 的垃圾被运往垃圾填埋场或焚化炉处理。食物垃圾占美国垃圾填埋总量的 21%。如果将人类浪费的食物比作一个国家，那么它的温室气体排放量将仅次于美国和中国，位列世界第三。这些温室气体不仅来自种植食物所需的能源消耗，还包括食物腐烂过程中产生的甲烷气体。自 1990 年以来，美国的食物浪费量已增长了 50%，但与此同时，超过 4000 万的民众，或者约八分之一的美国人，仍面临着食物短缺的问题。仅美国浪费的食物量就足以养活全世界的饥饿人口。然而，我们却耗费了大量宝贵的土地、土壤和水资源，来种植"垃圾"。

尽管人类食物是一种可利用资源，但并非所有野生动物都会食用它们。以人类垃圾为生固然有明显的回报，但并不见得会让生活更轻松或更安全。它们可能会令动物面临一系列危险，包括疾病、中毒、不怀好意的人类、凶猛的竞争对手以及利用人类食物残渣作为诱饵的捕食者。

一些在城市中取得成功的物种，例如郊狼，会避免食用人类的食物残渣，但仍可以从中获益。郊狼更多地扮演着捕食者和觅食者的角色，即使在最为城市化的环境中，许多郊狼仍会坚守这一策略，不去翻垃圾箱。生活在芝加哥和丹佛等城市核心地带的郊狼以活体猎物和植物为食，它们并不直接从人类垃圾中获取食物，但却会间接受益，因为食物垃圾养活了一些它们最喜欢捕猎的物种。

除食物"补贴"外，城市食物网第二大不寻常的特征是捕食者的数量异常巨大。相比于大多数其他类型的栖息地，城市中浣熊、狐狸、郊狼和其他牙尖嘴利的小动物的数量明显更多。有鉴于此，人们或许会认为有大量的"杀戮"在城市中发生。然而，令人惊讶的是，在城市中，最终沦为猎物的动物却很少。这就是所谓的"捕食者悖论"，它解释了为什么像鸽子这样的"美味佳肴"在城市中总是显得如此淡定，尽管它们周围不乏潜在的"鸽子杀手"。这个谜题的部分答案在于，城市中一些原本应该以捕猎为生的动物改为食腐，但是故事还不止于此。

最著名的一项关于城市中捕食者的研究是在 20 世纪 80 年代进行的，当时生物学家们刚刚开始对城市生态系统产生兴趣。从 1860 年至 1980 年，圣地亚哥的人口足足增长了 1000 倍，从不到 800 人增长至 80 多万人。作为太平洋沿岸城市的圣地亚哥由平顶的山丘和陡峭的峡谷组成，不同的街区被狭长的绿化带隔开，形成了不同寻常的城市地貌。随着城市的扩张和房地产价值的飙升，开发商将目光投向了城市中的峡谷地带。

出于对圣地亚哥的原生鸟类所面临的困境的担忧，加州大学圣地亚哥分校的迈克尔·索尔（Michael Soule）与同事们开展了一项开创性的研究。包括美洲狮在内的大多数大型食肉动物早在几十年前就从当地的峡谷中消失了，取而代之的是一系列耳熟能详的中型食肉动物，如狐狸、浣熊、负鼠、臭鼬、郊狼和家猫。这些动物对于它们的猎物有着不同的影响。像浣熊、家猫和负鼠这类擅长攀爬的动物会猎杀当地的鸟类并偷取它们的蛋。郊狼则捕食这些较小的哺乳动物或是在与它们的竞争中胜出，但由于不擅长攀爬，郊狼对鸟类几乎不构成威胁。人们很快就发现，在有郊狼存在的峡谷中，具备攀爬能力的捕食者数量较少，给在这些区域筑巢的鸟类带来了一线生机。

索尔是一名佛教禅宗信徒，同时也是一位爱猫人士，但他对那些自由放养的家猫以及不负责任的饲主充满鄙视。他和他的同事们写道："猫通常是享受'补贴'的捕食者，猎杀鸟类对于它们中的许多个体来说只是一种休闲活动。因此，城市峡谷中猫的数量几乎可以不受限制。即使猎物的密度已经低到无法正常供养捕食者，家猫仍可以继续在峡谷中猎捕野生动物。"在之后的几年里，这一研究成果引起了广泛的争论。一些研究人员告诫称，我们不应该从这个研究中得出广适性的结论。然而，许多生态学家，包括一些在城市中工作的生态学家，仍然赞同索尔的核心观点。即便只有几只可怕的大型食肉动物存在，整个生态系统也会因此受益。

2020 年 4 月 16 日，南加州的美洲狮再次成为新闻焦点，短短数小时内就有两则爆炸性新闻相继发布。

当天下午，哥伦比亚广播公司在圣地亚哥的新闻分支机构报道称，在以开放式草原布局而举世闻名的圣地亚哥野生动物园中，两只瞪羚因美洲狮的袭击而不幸丧生。同基拉尼的死一样，整起事件令人震惊，但人们的反应却似曾相识。"我们尊重美洲狮，它们应该留在这里……但我们也需要保护我们的野生动物。"公园哺乳动物负责人史蒂夫·梅茨勒（Steve Metzler）表示。"这对于我们来说是一种新的情况，因为美洲狮通常只待在外围区域，但它们现在已经离我们越来越近了"，他补充道。

当天晚间，《洛杉矶时报》报道称，加州渔猎委员会已经投票并一致决定，暂时将 6 个美洲狮种群列为州级濒危状态。这些种群分布在从圣地亚哥到旧金山的广阔区域，其中就包括栖息在圣莫尼卡山脉的种群。加州的鱼类及野生动物管理局将在一年内向委员会提交一份关于美洲狮的长期保护等级和保护措施的建议报告。

委员会作出这一决定的部分依据来自一项研究。该研究表明，加州南部和中部地区的美洲狮种群的遗传多样性正在下降。对于包括猎豹在内的其他一些大型猫科动物来说，即使它们种群的遗传变异很小，这些动物仍能保持相对健康。然而，美洲狮的情况则不同。若美洲狮在小规模的封闭种群中进行近亲交配，其后代很可能会出现疾病和畸形等问题。若不是生物学家从得克萨斯州引入更健康的个体，佛罗里达州的美洲狮种群差点因此灭绝。根据委员会所引用的研究，加州南部和中部地区的美洲狮正面临着类似的灭绝风险。其中，圣莫尼卡山脉的美洲狮的处境尤为艰难，它们在未来 50 年内消失的概率高达 99.7%。这些大猫真正需要的是一种能够安全进出山区的方式，以便更新它们的基因库。

从这个角度来看，P–22 的传奇故事也被赋予了新的含义。"洛杉矶之狮"是一位幸存者，但它的故事也是一个警示。对于那些能够在城市的危险环境中寻找生机并获取资源的动物而言，城市是一片沃土。然而，由于支离破碎的城市景观缺乏相互连通的安全栖息地，对于像美洲狮这样体形巨大、活动范围广阔的动物来说，城市几乎无异于一条死胡同。

第十章

—

令人不适的生物

—

在得克萨斯州（以下简称得州）的奥斯汀市，有数百个场所可以享受宜人的夏夜。然而，这座城市最热门的景点并非某处喧嚣的酒吧、富丽堂皇的剧院或是奢华的餐厅，而是议会大街桥。每天傍晚，人们沿着大桥的人行道排起长龙，或是在附近的草坡摆上椅子，或是坐在租来的皮划艇上，或是登上莱迪伯德湖的游船，一边品尝饮料，一边欣赏落日时分的壮观景象。

1980 年，奥斯汀重建了旧的议会大街桥，这是一条南北向的主干道，距州议会大厦约有 10 个街区。翻新后的大桥为拱形结构，采用六车道。拱顶上架设有混凝土横梁，支撑着桥面。出于功能性和安全性方面的考虑，建筑师在横梁之间留出了深 0.41 米、宽 0.03 米的狭窄缝隙。这些温暖、黑暗且难以触及的缝隙最终成了蝙蝠的理想栖息地。

这些蝙蝠长期生活在奥斯汀地区，它们夏天在得州和周边各州出没，冬季则大部分时间在边境以南的墨西哥度过。1937 年至 1970 年期间，得州修建了一系列水坝和水库，形成了莱迪伯德湖，但也淹没了数十个天然洞穴。蝙蝠们很快就在得州大学足球场这样的建筑上找到了栖身之所，它们藏身在足球场露台底部的缝隙之中。官方采取的应对措施是封堵裂缝并用氰化物杀死了数以千计的蝙蝠。

根据一名城市公共卫生官员的说法，重建后的议会大街桥简直就是为蝙蝠量身打造的栖息之所。竣工后几年内，栖身于该座大桥的蝙蝠连年剧增，最终达到了每年约 150 万只。夏日夜晚，成群结队的蝙蝠从桥下蜂拥而出，浩大的阵势将当地居民吓得惊慌失措，纷纷呼吁消灭这些蝙蝠。有些民众则提议在大桥底部拉网以封堵缝隙。远在芝加哥的报纸也撰文警告说，奥斯汀正被一场瘟疫包围。

这场风波在今天看来可能有些滑稽，毕竟如今的奥斯汀每年8月都会举办盛大的、以蝙蝠为主题的节庆活动，但它却折射出了一个事实：美国人其实并不喜爱蝙蝠。在史蒂芬·凯勒特（Stephen Kellert）于1984年进行的一项全国性调查中，33种常见的动物根据受欢迎程度被依次排名。蝙蝠只位列第28名，甚至排在郊狼之后，仅高于响尾蛇、黄蜂、老鼠、蚊子和蟑螂。有些人认为，蝙蝠长期以来与黑暗、恶魔和巫术联系在一起，令人毛骨悚然，不值得信任。还有一些人相信，就像小说家布莱姆·斯托克（Bram Stocker）笔下的德古拉，蝙蝠以鲜血为食。而事实上，在全球1100种蝙蝠中，只有3种会吸血，但三者中没有一种会定期吸食人类的鲜血，甚至都不分布在美国。奥斯汀居民和其他民众最担心的是蝙蝠会携带病毒。

在哺乳动物所有的26个目中，蝙蝠无疑是最为特殊的存在，同时也是最具矛盾性的动物之一。蝙蝠是恒温动物中最接近变温动物的。许多蝙蝠体形小，能量代谢速率快，繁殖却很慢，寿命则很长。它们是唯一一种依靠回声定位来导航和觅食的陆生哺乳动物，也是唯一能够真正飞行的哺乳动物。虽然蝙蝠携带着数十种病毒，但大多数个体在野外仍能保持健康，至少在很长一段时间内如此。

蝙蝠是在哺乳动物时代早期进化而来的。最古老的蝙蝠化石可以追溯到约5200万年前，当时正值全球变暖，被称为古新世—始新世热量高峰，包括灵长类在内的多个哺乳动物类群在这一时期进化出了新的形式。如今，蝙蝠是哺乳动物中物种数量第二多、分布第二广的目，仅次于啮齿类。它们占全球哺乳动物种类的 20% 以上，并广泛分布于除南极洲以外的各大洲。由于具备飞行能力，在许多偏远的岛屿上，蝙蝠是唯一的原生哺乳动物。

蝙蝠的外形千差万别，在生态和经济层面都扮演着不可或缺的角色。体形最小的蝙蝠体长不足 5.08 厘米，仅与大黄蜂相当，重量约等于一枚硬币，而最大的狐蝠翼展可达 1.83 米之宽。有些蝙蝠会捕食小型脊椎动物，但大多数蝙蝠以水果和昆虫为食。包括杧果、香蕉、番石榴和龙舌兰在内的约 500 种植物依赖蝙蝠进行授粉。像小棕蝙蝠这样的食虫蝙蝠每晚可以吃掉总重量相当于其体重的虫子，其中包括成千上万只携带病毒的蚊子和农业害虫。蝙蝠的粪便则维持着整个洞穴的生态系统，并且数百年来一直被用作肥料或被加工成其他工业制品。

要了解蝙蝠的生活方式以及它们在疾病生态学中的作用，我们可以从它们的核心体温入手。恒温动物能够内在调节自身体温。一些恒温动物会在冬眠时令体温下降，但大多数都能保持稳定体温。举例来说，健康人类的核心体温介于 36~38℃ 之间，仅有 2℃ 的差异。

蝙蝠的存在是恒温动物定义范畴中的特例。当处于非睡眠的静息状态时，大多数蝙蝠会保持适中体温。这样做需要消耗热量，在奥斯汀这样的温带气候地区，蝙蝠的食物来源往往具有季节性特征。为应对季节性食物短缺和充裕的循环，大多数蝙蝠，包括 97% 的小型蝙蝠，会经历长时间的蛰伏期。在这种状态下，它们的体温可能会降至 6℃ 甚至更低。随着瓜果成熟、昆虫孵出，蝙蝠会醒来，然后飞到外面的世界觅食。此时，它们又遇到了另一个问题。飞行会消耗大量的能量并产生巨大的热量。在飞行状态下，蝙蝠的代谢率可能会飙升至静息状态时的 34 倍，并且其核心体温甚至可能超过40℃。

蝙蝠通过多种调节方式来应对这些极端情况。它们的翅膀上布满血管，这使它们可以在高体温时通过向周围的空气散热来降温，也可以在低体温时像太阳能面板一样接收辐射热来升温。蝙蝠体温调节手段还包括将翅膀当作毛毯阻碍发热、互相挤在一起减少表面散热、舔舐毛发来模拟出汗加强蒸发散热以及像狗一样通过喘息促进呼吸散热等方式。此外，它们聚集在温度相对恒定的舒适空间，如洞穴。它们在夜间觅食，以避免觅食飞行时体温过高。有些蝙蝠还会季节性地迁徙，以便在温和的气候下生存。

蝙蝠的这些特质使它们如此成功，但也使它们非常适合传播疾病。蝙蝠为了保证飞行而无法摄入大量的食物，所以它们会吸取食物中的营养而舍弃肉质部分，啃食后的食物通常都携带病菌。蝙蝠的其他一些行为，如喜欢聚集成群、用唾液涂抹自己以及大口喘气，也极易导致病菌在群体中传播扩散。由于它们活动范围广阔，蝙蝠还可以轻易地将疾病传染给新地区的其他动物。

那么，蝙蝠如何在它们打造的病菌"培养皿"中生存下来呢？对于这个问题，目前最好的理论是"飞行即发热"假设。当蝙蝠飞行时，它们的核心体温会蹿升至能够模拟发烧的程度，从而杀死体内的病菌并增强自身的免疫力。这项惊人的适应能力也有弊端。飞行导致的心率加快以及"发热"引发的炎症会导致氧化应激，从而损伤细胞。不过，蝙蝠有一项秘密武器。它们进化出了一套复杂的生理过程，用以减轻炎症和氧化应激，修复受损细胞，并免于发热对其他大多数生物造成的压力。因此，蝙蝠的平均寿命是同等体形的其他哺乳动物的 3.5 倍，某些蝙蝠物种在野外甚至可以存活 40 年以上。

然而，蝙蝠能够存活下来并不意味着它们所携带的病原体会消失。恰恰相反，一些蝙蝠携带着多种病菌，自身却没有任何症状。由于它们寿命很长，所以它们有大把机会将病菌传染给其他蝙蝠。而且，超强的自我保护机制致使它们的身体受超级病毒"青睐"，这些病菌会对其他不幸被感染的动物造成毁灭性的打击。

这样看来，蝙蝠携带多种恶性病毒也就不足为奇了。病毒由蛋白质外壳和内部遗传物质组成。从传递遗传信息的角度来看，它们算是生命有机体。但是，由于它们缺乏实现基本生物学功能的能力，比如代谢食物以产生能量（它们依靠宿主来完成这项工作），许多生物学家认为病毒只具备部分生命特征。它们就像是微观世界里的僵尸。

病毒可分为 DNA 病毒、RNA 病毒和 RNA-RT 病毒，三者各自有其组成、结构和复制方式。蝙蝠尤其容易感染 RNA 病毒，这种病毒基因组很简单，但变异率却是自然界里最高的。这种多变的特性使 RNA 病毒能够在除最强宿主以外的多数宿主体内避开免疫系统的攻击。同时，这种特性还赋予 RNA 病毒快速传播至新宿主的能力，因此某些 RNA 病毒表现出超常的传染性和极强的毒性。有了在宿主之间轻松穿梭的能力，RNA 病毒甚至无须顾虑宿主的存活情况。

自1911年起，流行病学家便开始将蝙蝠与疾病联系在一起。当时，外表看似健康的吸血蝙蝠首次被诊断出感染了某种可传播的狂犬病。随后的研究证实，狂犬病是一种由RNA病毒引发的疾病，对于大多数哺乳动物来说都极为致命。从那以后，科学家们开始深入研究蝙蝠所携带的200多种病毒，其中大部分为RNA病毒。研究对象包括一些极其可怕的病原体，比如亨德拉病毒、尼帕病毒、马尔堡病毒、各种类型的肝炎病毒，可能还有埃博拉病毒，以及一些引发流感、中东呼吸综合征（MERS）、重症急性呼吸综合征（SARS）等呼吸道疾病的病毒，当然还包括臭名昭著的新冠病毒。

以上情况确实相当可怕，这是否就意味着蝙蝠是危险的物种呢？20世纪80年代的那些奥斯汀居民，他们是否有理由感到害怕和担忧？这些问题的答案部分是肯定的，但更多则是否定的。

在全球约1100种蝙蝠中，仅有大约108种（约占9.8%）与人类存在共患疾病。这108种蝙蝠平均每种携带的病毒数量要比其他哺乳动物多，而且所携带的病毒往往也非常可怕。然而，这只是一部分。在已知的约1415种危害人类的病原体中，以蝙蝠为宿主的不到2%。约59%的病原体以其他非人类动物为宿主。最后的39%并非来源于动物，或者是仅存在于人类中。

纵观所有哺乳动物，啮齿类动物与人类存在共患疾病的物种数量是最多的。在2220种啮齿类动物中，约有10.7%的物种是人类所患疾病的宿主。尽管这一比例看似很高，但还有其他3个哺乳动物目，虽然物种数较少，可它们中携带人类疾病的物种比例更高。

全球 365 种灵长类动物中约有 20% 的物种，247 种有蹄类动物中约有 32% 的物种，285 种肉食性动物中约有 49% 的物种携带人类的疾病。

另一个不必过于担心蝙蝠的理由是，它们通常不会直接将疾病传染给人类。它们很少具有攻击性，无端咬人的情况也罕见。蝙蝠有时会间接传播疾病，它们把疾病传染给其他动物，再由其他动物传染给人类。它们或许会将疾病传给那些跟它们在同一棵果树采食的人，或是那些捕食蝙蝠作为食物、收集它们的粪便的人，或是在靠近它们栖息地的区域种植作物、养殖牲畜的人。当人类破坏蝙蝠的栖息地，或者建造那些可能吸引蝙蝠"定居"的建筑物时，人类提高了与它们接触的频率，由此增加了疾病传播的风险。

尽管蝙蝠会将疾病传染给人类，但它们对人类的帮助要远大于危害。它们每年吃掉数十亿只昆虫，包括传播疟疾、登革热和寨卡病毒的蚊子。它们可以作为早期的预警系统，提醒人类新兴病原体的存在。受新冠疫情推动，目前的研究已开始深度聚焦蝙蝠的免疫系统，以便为人类健康寻找潜在的应对方法。这包括对一种被称为"α- 干扰素"的信号蛋白分子的研究，该分子能够使附近的细胞对病毒感染做出反应，以及研究蝙蝠如何在飞行过程中消耗大量氧气，却避免细胞由于氧化应激而受损。

蝙蝠是令人惊叹的动物，但它们正面临着日益严峻的挑战。根据世界自然保护联盟的数据，至少有 24 种蝙蝠正处于"极度濒危"的状态，104 种被列为"易危"状态。此外，还有至少 224 种蝙蝠因数据不足而无法进行评估。过度猎杀，尤其是栖息地丧失，是当前蝙蝠面临的最大威胁。

与人类一样，蝙蝠也受到新型疾病的折磨。自2007年首次在纽约州被发现以来，引发白鼻综合征的锈腐假裸囊子菌已经感染了13种北美蝙蝠，其中包括2种已被列为"濒危"的物种。但是，目前尚不清楚这一病原体从何而来，但有几种蝙蝠之前似乎从未遇到过这种真菌，这表明传播者很有可能是人类。这种真菌喜欢在洞穴等阴凉潮湿的环境中生长。当蝙蝠冬眠时，这些真菌会在它们身上滋生，使它们烦躁不安，从而在食物匮乏的季节浪费宝贵的能量。白鼻综合征已经杀死了数百万只蝙蝠，其中包括一些种群中90%以上的个体。

在人类和动物之间传播的疾病被称为"人畜共患病"。通常情况下，这一术语指的是由动物所携带的病原体引起并可传染给人类的疾病。在已知的868种人畜共患病中，19%是由病毒或朊病毒（一种扭曲折叠的蛋白质）引起的，31%是由细菌引起的，13%是由真菌引起的，5%是由原生动物引起的，32%是由蠕虫类寄生虫引起的。在这868种疾病中，约三分之二可以通过间接途径由动物传染给人类，约三分之一需要直接接触；约四分之一需要借助第三物种作为中间传播媒介，此外还有约5%的传播途径尚不明确。

而大多数困扰人类的疾病，包括那些导致死亡人数最多的疾病，如心脏病和癌症，都不会在人类与动物之间传播。即使是全球性传染疾病，大多数最严重的疾病也不是人畜共患型。然而，人畜共患病却获得了极大的关注。这可能是因为它们包括了一大批"新发疾病"，这些疾病要么是人类最近几年才开始感染的，要么就是对我们的威胁越来越大，而我们对它们往往知之甚少。在全球大约 175 种新发疾病中，132 种为人畜共患病，占比 75%。人畜共患病成为新发疾病的概率是非人畜共患病的两倍。由于人畜共患病可能潜伏在复杂的生态系统和多样化的动物宿主体内，因此它们几乎不可能被根除。

为了理解这些疾病是如何传播的，我们需要定义一些术语。同时，我们还必须改变对疾病本身的看法。当我们联想到疾病时，大多数人脑海中的画面可能会是某人正在遭受无形疾病的折磨。实际上，传染病是涉及两个或两个以上生物体的生态关系，二者均扮演着重要的角色。

病原体及其宿主通常会一同进化，形成有利于病原体的关系，为病原体提供栖息地，同时宿主不受影响或能够康复。然而，并非所有宿主都是一样的。有些宿主是疾病传播的终点，无法进一步传播疾病。另一些宿主可能会感染和传播病原体，但由于某些生化或行为原因，传播效率很低。相反地，还有一些宿主扮演着"放大器"的角色，感染并在体内大量积聚病原体。要成为合格的宿主，一个生物体必须能够被病原体轻松感染，然后耐受病原体在体内存活，最后再将病原体传递给第三方。

病原体通过病媒传播给其他生物体。病媒可以是灰尘等非生物体，但通常是微生物或节肢动物等小型生物体。蚊子、跳蚤和蜱虫是最为人熟知的疾病传播媒介。病原体通常有多种宿主和病媒，且两者之间没有明确的界限。有些宿主在某些时候可以充当病媒，而有些病媒则只在特定条件下或在其生命周期的某些阶段才会传播疾病。

虽然现代医学关注生物个体，但疾病的传播却受到种群、群落和生态系统的综合影响。宿主和病媒的种群密度是关键，必须在足够近的距离内，才能使病菌从一个生物体转移至另一个生物体。此外，生态系统的多样性也至关重要，因为在拥有多种宿主的群落中，病菌的传播效率往往较低，这一现象被称为稀释效应。最后，生态系统的稳定性也十分关键，因为扰动常常会令病菌更为活跃，从而增加传播的风险。由于疾病生态学的数学特征通常并非线性，因此任何一个变量的微小波动都可能造成巨大的差异。

鉴于疾病生态学的复杂性，不理解其中缘由也就不足为奇了。其中最著名的不被理解的案例或许就是莱姆病。莱姆病最早于1975年在康涅狄格州被首次确诊，这是一种由细菌感染引起的疾病，可导致皮疹、关节疼痛、心悸、头痛、乏力、神经系统或心脏组织受损等症状。在极少数情况下，感染导致的并发症甚至可能致命。通常来说，人类感染莱姆病是被携带疏螺旋体属细菌的黑腿蜱虫叮咬所致。美国疾病控制与预防中心每年收到约3万例新增莱姆病病例报告，但实际的感染情况可能是该数字的十倍。在莱姆病最为常见的新英格兰地区，居民面临着两难选择：感染这种疾病会带来一系列健康风险，但试图通过待在室内来避免感染又会降低生活质量。

多年来，许多专家普遍认为白尾鹿是莱姆病的主要宿主。由于更多的鹿意味着更多的莱姆病，许多城市和州都开始捕杀鹿群。然而，2011年，凯里生态系统研究所的里克·奥斯特菲尔德（Rick Ostfeld）出版了《莱姆病：一种复杂系统的生态学》一书，将他二十多年的研究成果进行了总结。他发现，即使在鹿密度很高的地区，90% 携带莱姆病的蜱虫的感染源是老鼠、花栗鼠或鼩鼱。经过大量的实地调查和建模分析，奥斯特菲尔德还发现一旦某个地区已经有了一些鹿，再增加鹿的数量并不会使问题恶化，而减少鹿的数量也无法解决问题。奥斯特菲尔德得出的结论是，虽然鹿在莱姆病中扮演了一定的角色，但是它们只是微弱的次要责任。

这个故事还有更深层次的解读。在 19 和 20 世纪，随着农民们放弃了新英格兰地区，转而涌向中西部和西海岸的绿色牧场，许多新英格兰地区的森林得到了重新生长的机会。然而，到了 21 世纪，开发商们再次将森林夷为平地，这次是为了给郊区的建设让路。在新英格兰地区，即使是森林覆盖率最高的地区，林地也往往狭小而孤立，且缺乏许多原生动物物种，其中包括几个世纪前就被驱赶出这片土地的大型肉食性动物，如美洲狮、狼和猞猁。作为莱姆病宿主的鹿、小型啮齿类和鼩鼱是该地区仅有的哺乳动物。正是由于缺乏捕食者、生存竞争和生物多样性，黑腿蜱虫和莱姆病才有了滋生的温床。新英格兰地区的郊区建设依然在向乡村蔓延，而保护人类免受莱姆病侵袭的最佳方法或许就是确保生态系统免受人类的迫害。

长期以来，城市一直与瘟疫联系在一起。在人类定居城市之前，传染病在我们这个物种中并不常见。我们的人口太少、分布太稀疏、互相之间的联系也不紧密，许多病原体从而无法与我们一同进化并被广泛传播。尽管数万年来我们一直在改变自己的栖息地，但纵观几乎整个人类的历史进程，我们其实并没有打破疾病生态学的底层运作模式。

随着人们在城市中聚集并在城市间穿梭，情况开始发生改变。在古代和中世纪，席卷欧亚大陆最臭名昭著的疾病便是鼠疫。鼠疫是由一种耶尔森氏菌属的细菌引起的，它以老鼠为宿主，以跳蚤为病媒。有些老鼠种群对鼠疫具有免疫力，而另一些则没有。当具有免疫力的老鼠进入新地区后，跳蚤会将鼠疫传播给当地缺乏免疫力的老鼠种群，感染当地的老鼠，并最终导致人类也受到感染。

围绕古代流行病仍然存在许多谜团，其中可能包括在公元 165 年左右席卷罗马帝国的一场疫情，以及从公元 541 年开始侵袭地中海地区的另一场疫情。多年来，学者们对于是否是鼠疫导致黑死病一直争论不休。1347 年至 1351 年期间，黑死病肆虐欧洲，它导致欧洲大陆 30%~60% 的人口丧生。2010 年，研究人员对分布在欧洲各地的 14 世纪坟墓中的骸骨进行了 DNA 检测。他们发现了两种形式的耶尔森氏菌，并由此得出结论：鼠疫的确是这场浩劫的罪魁祸首。当时的欧洲大陆很可能经历了两波鼠疫的袭击，两波的耶尔森氏菌略有不同，均为菌种的新变种。

流行病也塑造了美国历史。在 19 世纪，疟疾、黄热病、狂犬病、霍乱等疾病的暴发迫使美国各地官员采取积极的应对措施，包括安装污水管道、收集垃圾、禁止饲养牲畜、实施拴狗令以及修建公园等。由于马匹与人类存在两百多种共患病，并且在街道上留下大量粪便，增加了潜在的病媒数量，因此也用电力铁路和后来的汽车来取代了马匹。

美国城市仍然是人畜共患病的温床。这些城市缺乏物种多样性，包括缺少顶级的捕食者。这些捕食者可以控制携带疾病的小型动物的数量，这已经被证明可以减缓疾病传播的速度。城市破坏了周边的绿地，提高了病菌的传播速度。城市将资源集中在小范围内，诱使同一物种在狭小的空间内大量聚集。城市相对温和的气候，积水和大量的食品垃圾会成为病媒和疾病的滋生地。此外，城市环境中的各类应激源，如空气污染和水污染等，也会削弱人类和动物的免疫力。一旦病原体传染给了人类，城市的高人口密度意味着疾病将会被传播得更快、更广。

虽然数个世纪以来，人类一直致力于保护城市居民免受传染病的危害，但针对城市地区人畜共患型疾病的科学研究仍处于起步阶段。不过，随着城市吸引了越来越多的野生动物，新的研究正在展开，更多的物种正受到关注。浣熊、臭鼬、狐狸和松鼠被认为是细小病毒、蛔虫和绦虫的宿主，同时也是狂犬病、瘟热病和钩端螺旋体病等病原体的携带者。鹿则是慢性消耗性疾病（chronic wasting disease，一种传染性海绵状脑病）的宿主，而旅鸫和家麻雀则可能是西尼罗病毒的传播者。

当新冠疫情于 2020 年暴发时，全球的目光曾短暂地聚焦在由蝙蝠等野生动物导致的疾病风险上，但家养动物或许会构成更为深远的长期威胁。在常见的宠物中，猫是最大的隐患。猫是沙门氏菌、多杀性巴氏杆菌和汉赛巴尔通体菌的宿主。多杀性巴氏杆菌可以导致人类血液感染，而汉赛巴尔通体菌则是猫抓病的元凶。猫还携带跳蚤、蛔虫、钩虫等寄生虫和多种真菌。它们传播隐孢子虫、贾第鞭毛虫和刚地弓形虫等原生动物。刚地弓形虫只能在猫的体内繁殖，然后经由猫的粪便传播并引发弓形虫病。已经有数百种哺乳动物的弓形虫检测呈阳性，另据估计，约有三分之一的人曾经感染过弓形虫病。感染该疾病的患者通常无明显反应，但孕妇可能会出现严重的症状，一些研究还认为弓形虫病可诱发神经系统以及精神方面的疾病。感染了弓形虫病的老鼠对天敌的恐惧感会下降，从而使它们更容易遭到猫的攻击。弓形虫病可能还是加州海岸的太平洋海獭遭受致命脑部感染的罪魁祸首。

没有什么比工业化的畜牧业更容易滋生人畜共患病了。该产业密集饲养了大量动物，这些动物不过区区数个物种，遗传多样性也很低。为了管理由此产生的风险，通常的应对手段包括对牲畜群实施监测、减少所需的劳工数量，以及给动物注射大量的抗生素。尽管如此，研究表明，该产业的务工人员所携带的疾病数量要比普通民众多，而饲养场所也已成为多次疾病暴发的源头。

总体而言，人畜共患病对野生动物的危害要大于对人类的危害。由于野生动物生活在户外，从未经处理加工的渠道获取水、空气和食物，因此它们比人类更容易受到环境问题的威胁。在美国，环境污染是造成野生动物濒危的第三大原因。当外来物种到来时，它们通常会携带新的疾病，这些入侵者可能会破坏当地的生态系统或对原生物种造成压力，从而使原生物种更容易感染疾病。部分物种尤其脆弱。狐狸和浣熊等群居动物可以在城市中聚集生活，但这样做会使它们暴露在众多传染性疾病面前。像短尾猫这种以小型哺乳动物为食的捕食者，经常由于误食毒鼠药而不幸丧命。即使像蝙蝠这种已经适应了携带大量病菌的动物，也可能会对新的病原体敏感，这些新的病原体可以通过常规途径感染它们，而它们对此或许毫无抵御之力。生活在城市中还可能增加野生动物罹患非传染性疾病的风险，包括与压力、缺乏运动或不良饮食有关的心脏病，甚至是癌症。

此外，还有气候变化问题。随着气候的改变，曾经受制于寒冷天气的蜱虫、蚊子和某些种类的寄生性真菌，在冬季也开始大量繁殖。气候变化还威胁着传统的食物来源，迫使动物在更广阔的范围内游荡，沿途感染和传播病菌，并因生存压力加大从而导致个体的免疫力下降。

新冠疫情暴发后，世界各地许多人就像 20 世纪 80 年代的奥斯汀居民一样，或许感到自己正置身于一个满是带病动物的星球。虽然真相要复杂得多，但所传递的信息却清晰明了。人畜共患病对人类和野生动物都是灾难。在破坏和简化自然生态系统的同时，我们也在增大所有生物所面临的风险。为防止像新冠这样的流行病在未来再次暴发，最佳的对策就是更好地对待动物，无论是野生动物还是家养动物。

在 1974 年发表的一篇著名论文中，哲学家托马斯·内格尔（Thomas Nagel）指出，由于人类的感官仅能触及现实的局部，所以人类永远无法感知现实的全部信息。他将此称为"经验的主观性"。为阐述论点，内格尔让他的读者将自己想象成一只蝙蝠，借助回声定位来理解世界，这是一种与人类感官截然不同的感知方式。内格尔认为，蝙蝠的行为方式和感知器官与我们人类的是如此不同，因此可以说它们所体验的是另一种现实。他总结道："即使没有哲学反思的帮助，任何一个在封闭空间中与活跃的蝙蝠共处过一段时间的人都能体会到，遇见一种完全不同的生命形式是种怎样的体验。"

内格尔的观点对于每年夏天聚集在奥斯汀议会大街桥下观看蝙蝠倾巢而出的游客来说可能是显而易见的。目睹这样的奇观提醒我们，不同的生命体以各自独特的方式来体验世界。理解这一点可以拓宽我们的思路，提升我们的同情心。人类所感知的并不是客观的现实；它只是我们为了生存而进化出的形、声、闻、味、触等感官体验。内格尔的观点还有另一层意义。如果正如许多病毒学家和免疫学家所认为的那样，研究蝙蝠可以帮助我们更好地了解自己的身体，从而找到有益于人类健康甚至有助于预防下一次大流行病的方法，那么科学可能会令蝙蝠和人类多一分相似。到了那时，人类也将更深刻地领略到蝙蝠那古怪、神秘而又奇妙的感官世界。

第十一章

捕捉与放归

罗恩·马吉尔（Ron Magill）仿佛就是迈阿密的化身。马吉尔外形张扬，身高一米九八，浓密的灰色大背头配着月牙形小胡子，脖子上戴着闪闪发光的大金链子，凯迪拉克座驾的车尾还挂有刻有"ZOO Guy"字样的个性化车牌。马吉尔的父亲是古巴移民，马吉尔在12岁时从纽约的皇后区搬到了迈阿密。8年后，迈阿密动物园开园，他开始在那里工作。20世纪80年代，由于为连续剧《迈阿密风云》担任鳄鱼驯养师，马吉尔一跃成为二线明星。此后，他因拍摄自然纪录片曾5次获得艾美奖，还因野生动物摄影作品获得过尼康大使奖。除此之外，他还主持过一档西班牙语电视节目，并在综艺节目中担任固定嘉宾长达25年。在因被鳄鱼咬伤而接受治疗期间，马吉尔认识了自己的妻子，她是一名理疗师。

马吉尔现在担任迈阿密动物园的传媒总监和亲善大使，他是一个令人印象深刻的人物。然而，他最高光的时刻，也是帮助他一举成名的时刻，是在1992年一个闷热的夏日清晨。这一天，可能比近年来的任何时候都更能诠释外来动物在迈阿密等城市的生态系统中持续发挥的作用。同时，这一天还揭示了我们对动物群体的分类方式，如"圈养"和"野生"，是可变的、灵活的，而绝非一成不变。

1992年，8月24日黎明前，安德鲁台风在迈阿密以南40.23千米处登陆。起初，安德鲁台风只是一个在西非沿海形成的普通热带低气压，但在穿过墨西哥湾流温暖的水域后，它蜕变成了一个盘旋的"怪物"。8月23日，它肆虐了巴哈马群岛，数小时后又以每小时281.64千米的风速扑向美国本土，此时的安德鲁已升级为强度五级的风暴。佛罗里达州（以下简称佛州）南部地区迎面遭受重创，财产损失估计高达 273 亿美元，这也使安德鲁台风成为当时美国历史上造成损失最严重的自然灾难。而受灾最严重的地区包括肯德尔的郊区，那里也是迈阿密动物园的所在地。

风暴前一天，马吉尔注意到了一些不寻常的现象。在平日，苍鹭、白鹭、琵鹭、朱鹭等数十只本地的野生鸟类会聚集在动物园，与园内所圈养的鸟类一同在池塘嬉戏或是在展示区觅食。但在 8 月 23 日的清晨，这些固定的"访客"突然缺席了。

动物园的工作人员按照详细的流程做好了应对风暴的准备，然后便匆匆回家静候安德鲁台风的到来。在经历了惊心动魄的 18 个小时后，安德鲁台风继续向路易斯安那州进发，马吉尔则动身前往动物园协助灾后重建工作。然而，迎接他的是一片可怕而又令人迷茫的场景。街道上到处都是残垣断壁，地标性建筑消失了，原本只需要 10 分钟的车程此刻却耗时 1 个多小时。马吉尔事后回忆道："就像是上帝推着一台宽 40.23 千米的割草机从当地经过一般。"

在珊瑚礁大道，马吉尔的奇幻之旅拉开了帷幕。至少有十几只猕猴在路上悠闲地奔跑，宛如一群喧闹的青年正赶往周五晚上的足球比赛。然而，最让他感到惊讶的并不是在佛州的街头看到这些动物，而是它们居然不是来自动物园的猴子！

动物园的景象恍如刚经历过一场战争。车辆被抛出数百码远，混凝土墙倾倒在地，5000 多棵树木被吹得东倒西歪，一条单轨铁路遭到破坏，几栋建筑遭受了不同程度的损毁。而动物园最先进的拱形新鸟舍，此刻看起来更像是一个被砸碎的水晶球。

当马吉尔抵达时，动物管理员们已在现场展开搜寻工作，他们手持枪支全副武装以防范可能已挣脱笼舍的危险动物。根据动物园的灾难应急计划，工作人员在台风来袭前已经将一些动物安置在了动物休息室内，并将其他动物赶进了混凝土的避难所内。这些周密的准备工作取得了成效。在动物园共计 1600 只动物中，只有约 30 只不幸丧生。大约有 300 只动物从笼舍中逃脱，但其中大多数是鸟类，在接下来的数周里，工作人员将它们悉数收归笼舍。尽管迈阿密动物园看上去一片狼藉，但园内的动物们大多安然无恙。

不过，动物园只是该地区众多圈养野生动物的场所之一。安德鲁台风还破坏了研究实验室、繁育设施、路边景观和住宅街区，而这些建筑内则隐藏着美国数量最为庞大的外来物种宠物群体。

在暴风雨过后的艰难日子里，迈阿密动物园的工作人员重新集结，全国各地的动物园也纷纷伸出援手。与此同时，当地居民报告称，在迈阿密的郊区出现了一些陌生的动物：外来的鸟类、珍稀的鹿类、一只非洲狮，以及那些曾在珊瑚礁大道上嬉闹的猕猴。一些狒狒从附近的迈阿密大学灵长类动物中心逃逸，它们时而在树间荡来荡去，时而又跃上街边的汽车。这些龇牙咧嘴的家伙甚至还造访了动物园，并闯入了至少一户私人民宅。尽管这些引人注目的"越狱者"极具新闻价值，但它们只是安德鲁台风所"释放"的近 5000 只圈养动物中的一小部分。被佛州野生动物观察员汤姆·奎因 (Tom Quinn) 称之为"生态灾难"的安德鲁台风，也只不过是该州长达数百年的外来物种历史上的一个小插曲。

20 世纪 80 年代，我在佛州长大，我的父亲，一个背井离乡的纽约人，经常说："如果它还活着，它一定在佛州！"我想他指的是那些偶尔钻入我母亲空调房的佛州木蠊以及在我们郊区后院运河对岸无精打采晒太阳的鳄鱼。然而，事实却并非如此。在其短暂的历史上，佛州半岛，其大部分地区在不到 7000 年前才从海平面上升起，几乎是一座孤岛。它地处偏远、与世隔绝。虽然这里是候鸟的乐园，但与其他气候和土地面积相似的地区相比，佛州半岛的陆生和水生物种的数量均相对较少。

1538 年，埃尔南多·德·索托（Hernando de Soto）在美国的东南部展开了一场为期 3 年的梦幻之旅，佛州的命运也随之发生变化。德·索托的旅程以他在密西西比河泥泞的河岸上驾鹤西去而告终，但他和他的追随者们却将驯化了的欧亚野猪留了下来。这些猪在随后的几个世纪里于野外肆意繁殖，如今已在美国的大多数地区扎根。从那之后，观察者们已经在佛州记录下了约 500 种自由活动的外来动物。2007 年的一项研究发现，其中至少有 123 种动物已经在当地"定居"了下来，包括 12 种鸟类、18 种哺乳动物和 22 种淡水鱼类，这意味着它们已经在野外繁殖了至少 5 年之久。除非人类通力合作，否则这些物种将很难从这片土地上消失。显然，许多物种还将继续在当地存在下去。

佛州的外来两栖和爬行动物名单则更令人咋舌。自 1863 年第一只温室蟾从加勒比海地区"偷渡"登陆以来，该州记录在案的非原生两栖和爬行动物至少有 137 种。这份名单读起来犹如一张高中地理试卷：非洲狭吻鳄、黑斑双领蜥、缅甸蟒、爪哇瘰鳞蛇、洪都拉斯奶蛇、巨型残趾虎、花狭口蛙、黑枯尾蜥、尼罗河巨蜥、德州角蜥和加州王蛇。如今，佛州已然成为全球无可争议的两栖和爬行动物大熔炉，而迈阿密国际机场则如同佛州的埃利斯岛（Ellis Island，美国移民局总部旧址所在地）。

没有人知道这些动物中会有多少留在佛州，还将会有多少新的物种到来，以及哪些新到来的物种将会带来麻烦。没有人能够预测某个特定物种是否会在新的环境中繁衍壮大，或是能够解释为什么某些物种在低种群数量状态下生存了数年后突然大量繁殖。那些移动能力出色、繁殖速度快、对不同生态条件有很强适应性、能够轻易找到同类并在人类周围生活自如，或是在受干扰区域仍能生存壮大的动物可能比其他物种更具入侵风险。在美国所引进的5万多个外来物种中，生物学家认为只有不到10%属于"入侵物种"。但是，一旦某个物种变成了入侵物种，它可能会造成严重的生态问题。我们唯一可以肯定的是，当我们发现它们时，通常已经为时已晚。

活体动物贸易可以追溯到数千年前。现代的宠物贸易则始于18世纪末，当时的全球化浪潮和经济增长使伦敦、阿姆斯特丹和纽约等城市中越来越多的人能够购买到来自世界各地的活体动物。在这些动物中，鸟类一直是最受欢迎的宠物类型之一。19世纪末，北美和欧洲的贸易商每年进口的活体鸟类数量超过了100万只，涵盖的物种数量超过了700种。活体鸟类贸易在1970年左右达到顶峰，当时的全球交易量达到了750万只。然而，随着新法规出台，鸟类贸易量在随后的几年中急剧下降，回落至每年约300万只。

相较于其他种类的脊椎动物，两栖动物和爬行动物在后期才逐渐成为备受欢迎的宠物。20世纪20年代，佛州的贸易商开始大量出售活体爬行动物。随着大批游客首次到访佛州，路边的小贩也开始利用起该地区的热带风情进行鳄鱼幼崽和其他两栖爬行动物的贩卖。起初，该产业增长缓慢。直到 1970 年，美国每年会进口约 32 万条蜥蜴和蛇，涵盖 176 个物种。到了 2000 年，这两项数字已分别暴涨至 287 个物种，共计 100 万只爬行动物个体。这些数字还未包括在美国国内捕获或繁殖，从美国出口或是在黑市上出售的数百万只动物。

与可爱但需要照顾的猫和狗相比，两栖和爬行动物并不需要持续的关注以及过多的体力和感情投入，因此它们常常被宣传为低维护成本的宠物。销售商喜欢把它们描绘成好养易活的仙人掌在动物界的"平替"。但是，许多购买这些动物的人对生产它们的行业，它们的逃逸能力、寿命、成体体形以及它们所带来的风险知之甚少。

当今，野生动物贸易的规模之大令人瞠目结舌。仅野生动物非法交易一项，就已成为继毒品走私、武器走私和人口贩卖之后的世界第四大贩运产业，年收入高达 230 亿美元。如果再算上合法部分，金额还将高出数倍。虽然没人知道确切的体量，但我们可以从物种上一窥其规模。最近的一项研究对该产业在 2006 年至 2012 年期间的贸易情况进行了量化，一共发现了 585 种鸟类、485 种爬行动物和 113 种哺乳动物的交易记录。

外来物种的宠物贸易之所以能达到如此规模，原因主要有以下几点。首先，快速且廉价的运输使得偏远地区的供应商能够打开新市场的大门。其次，移民们将来自世界各地的更多动物引入美国的城市。城市化进程促使宠物主购买可以在公寓里饲养的小型动物。此外，全球旅游业的兴起让更多人见识到了异国的奇珍异兽。这种接触激发了人们的兴趣，同时在宠物店、电视节目、图书出版商和社媒网红的推动下，形成了一个正反馈循环。这一切所产生的结果是，除了野生动物的数量超过了一个多世纪以来的任何时期，美国的城市现在还拥有大量人工饲养的外来动物，而且这两种动物群体还常常互相交织在一起。

当圈养的外来动物逃逸或被放生时，它们就加入外来物种的大军之中，政府机构引入外来物种来控制害虫。宠物经销商放生动物或是为了逃避法律处罚、倾销剩余商品，或是为了在野外建立繁殖种群以供将来再次捕捉。在一些宗教仪式中，圈养的动物也会被放生。还有一些动物则是从商业化的野生动物养殖场、制药厂、饵料店、科研机构和电影拍摄现场逃脱或被放生。一旦某个种群被建立起来，人们可能会受到诱惑，进而释放更多的同类动物。

有些动物在被放生后，会展现出一种不可思议的能力：它们能够找到其他同类。自 20 世纪 60 年代以来，鹦鹉在欧洲和北美的数百个城市中形成了种群，其中包括伦敦和芝加哥这些看似不太可能的地方。如今，受惠于城市地区的温暖冬季和热岛效应，来自异国他乡的鹦鹉在美国的城市中繁衍生息，而公园和居民庭院中的果树以及人类的残羹剩饭则为它们提供了源源不断的食物。由于缺乏天敌以及不断有新的个体被放生，它们的种群甚至还在不停地壮大。在分布于佛州南部的 20 多种外来鹦鹉中，已有数个物种在它们的原产地已被视为受威胁乃至濒危物种。

外来物种进入野生环境的途径仍在不断增加。如今，这些途径如此之多、如此之杂，以至于任何管控措施似乎都是徒劳的。虽然明确而严格的政策可以遏制这种势头，但在除夏威夷之外的大多数州，行业游说团体已经成功地阻挠了这些政策的出台。同时，法律的约束也并非万全之策。即使制定了严格的法规，一些动物还是会从最安全、最注重保护的设施中逃脱。

提起动物园，大多数人会想到圣地亚哥动物园和布朗克斯动物园等少数几个知名机构，它们拥有宽敞而又贴近原生风貌的栏舍、专业的员工、出色的教育项目、专业的研究中心以及货源充足的小吃店和礼品店。为了获得认证资格，这些动物园必须符合美国动物园和水族馆协会以及欧洲动物园和水族馆协会等监督机构在动物福利、公共安全、生物安全和灾难应急计划等方面所设定的严格标准。部分动物园，包括马吉尔所在的迈阿密动物园，甚至还设有安全设施，用于饲养被非法进口的外来物种。

不过，这些现代化的旗舰机构只是少数。在全球范围内，成千上万家未获认证的机构也在饲养和展示外来动物，其中许多动物园和马戏团在建设、资金、维护和监管等方面都存在着严重的不足。在这些场所，外来动物从临时搭建的笼舍中逃逸的概率相比获得认证的动物园要高得多，它们中的一些场所甚至非常危险。

根据总部位于马里兰州的非营利组织"出生自由"所提供的数据，在 1990 年至 2018 年期间，共有 1286 只动物从美国的动物园、马戏团或其他的饲养场所逃逸，其中仅有 128 起事故是发生在获得美国动物园和水族馆协会认证的机构中。尽管如此，即使是一些最知名的动物园，它们在管理动物方面也是面临着巨大的挑战。例如，在 21 世纪初，洛杉矶动物园发生了一系列的斑马、黑猩猩、袋鼠和其他动物的短暂越狱事件，随后美国农业部对该动物园处以 2.5 万美元的罚款。

正如树袋熊"基拉尼"和美洲狮"P-22"的故事所警示我们的，人工饲养动物的场所往往会吸引野生动物。美国许多动物园都坐落于野生动物资源丰富的城市，动物园自身也在逐渐融入城市的生态环境。动物园内"居民"所散发的气味和发出的叫声飘荡在城市上空，召唤着好奇的动物。宽敞的露天围栏和定时的食物投喂也在诱惑着野生的"访客"。公园式的动物园提供了郁郁葱葱的栖息地，它们中的许多场所更是直接毗邻城市的绿地。南加州的五大动物园——其中 3 家分别位于洛杉矶、棕榈沙漠和圣芭芭拉，另两家则位于圣地亚哥——它们都有一个共同点，即紧邻城市公园、野生动物保护区或国家森林公园。而在纽约，布朗克斯动物园的北侧是纽约植物园，东侧则流淌着曾经沙石浑浊的布朗克斯河。如今，这条河从一连串的瀑布中倾泻而下，就像阿迪朗达克山脉的上游溪流一样，充满野趣且景色宜人。

芝加哥的林肯公园动物园已经成为一个研究野生动物和圈养动物之间关系的特殊案例。从高空俯瞰，芝加哥看起来就像是一个由同心圆环所组成的整齐半圆。由于大多数的公园和森林保护区都与这些圆环平行，所以能够使陆地动物到达市中心的绿色通道并不多。然而，动物们还是成功做到了。"郊狼 748"及其同类虽然行事低调，但它们已经在芝加哥的中心地带如鱼得水。当地的兔子和松鼠有时会被动物园围栏内的圈养动物捕杀，从而为游客们提供了一堂宝贵而又略微血腥的现场科普教学课。2010 年，林肯动物园对园内的南池塘进行改建。不久之后，河狸便在池塘现身，这令人们开始担心起这些传奇"工程师"们将会如何进一步"完善"这片精心规划的水域。被伊利诺伊州列为濒危动物的黑冠夜鹭也发现了这片水域，池塘边大量的小型两栖和爬行动物以及昆虫甚至使它们爱上了那里。这些夜鹭很快就在池塘以北几百码处的红狼围栏上方的树上建立了它们在伊利诺伊州唯一的繁殖点。这似乎是一个危险的定居点，但夜鹭似乎已经招募了红狼来充当它们的"贴身保镖"，保护它们的巢穴免受浣熊等动物的袭击。

　　长久以来，迈阿密动物园一直在努力处理其与当地的野生动物以及强大的人类邻居之间的关系。动物园的园区横跨一片独特的动物原生栖息地——松树林，那里至少是 20 种受保护动植物的家园。几十年来，这片松树林的产权一直属于迈阿密大学。2014 年，大学将该地块出售给了一家开发商，后者计划在该处建设一个巨大的综合体，将涵盖商店、餐厅、900 套公寓和 1 家大型超市。由于担心受到迈阿密动物园的所有者戴德县政府的报复，动物园对员工下达了封口令，不得对土地出售事宜进行评论。为转移公众对其"不作为"的关注，动物园大张旗鼓地在园内的闲置土地上启动了一项规模不大的松树林恢复计划。2019 年，尽管生物学家在动物园外的森林中发现了几种珍稀植物和一种新的蜘蛛物种，但反对者还是在试图叫停该项目的关键法律诉讼中败诉。这也就意味着，动物园的新邻居将不再是日益缩小的原生栖息地，而是一个面积相当于迷你城市的开发项目。

　　多年来，动物园不断进行着自我革新。18 世纪的笼养展示模式让位于 19 世纪的主题公园和巡回马戏团。20 世纪初，美国的动物园宣称自己是科学知识和公民教育的载体。第二次世界大战后，它们再次转变方向，强调自身在动物保护方面的作用，同时着手建造更贴近动物自然栖息地的围栏。到了 20 世纪 80 年代，一些动物园开始将重点从全球的野生动物转向本土物种。进入 21 世纪，动物园开始信奉这样一种理念，即它们不是封闭的主题公园，而是城市富饶栖息地的渗透性区域。正如迈阿密和芝加哥的例子所表明的，动物园不断努力平衡着多个相互竞争的力量，经常显得比其所处的文化滞后一两步，而且从未成功地将自己与周围的生态系统相隔离。

如果说动物园的首要任务是管控野生动物，那么野生动物康复中心的目的就是放归它们。事实证明，这也并非易事。

虽然不像罗恩·马吉尔那般惹人注目，但詹妮弗·布伦特（Jennifer Brent）浑身上下也散发着一股大自然的气息。布伦特是加州野生动物中心的执行董事，该兽医诊所坐落在洛杉矶市中心以西 40.23 千米处一个林木繁盛的山坡上。自 1998 年成立以来，该中心与居民、非营利组织以及各层级的政府机构广泛合作，致力于照顾来自洛杉矶和文图拉两县的患病或受伤的动物。截至 2015 年，该中心已经救助了超过 4.5 万只鸟类、哺乳动物、爬行动物和其他野生动物。最近，他们还同意收治栖息在马里布 56.34 千米海岸线上的海狮和海豹。

该中心的使命是促进人类和野生动物和谐共存。布伦特在我于 2017 年 1 月登门拜访时表示："我们的目标是援救、治愈并放归那些来到我们这里的动物。我们的工作既涉及关爱，也涉及共存。相比之下，照顾动物是相对容易的部分，而与它们共存则更具挑战性。"问题通常出在人类身上。他们报告或带来那些无须救助的动物，或是把野生动物吸引到家中，然后在发生意外时寻求解决方案，并对我们野生动物中心期望过高。但是，这个中心本身只有有限的资源，却要服务于多种需求。

该中心的运营依靠 200 多名志愿者，固定员工十分短缺。许多在那里工作的兽医都属于临时性质，要么是无偿提供服务，要么是在培训期间短期轮岗。鉴于野生动物种类繁多，存在的问题也是数不胜数，因此野生动物护理是一个十分复杂的领域。然而，大多数兽医在初期都没有太多经验。在许多兽医院校，野生动物护理仍然被认为是一种小众甚至是新奇的职业。与畜牧科学与宠物科学的发展现状相比，野生动物护理落后了数十年。

加州野生动物中心坐落于卡拉巴萨斯和马里布这两个富人区之间，拥有着许多慷慨而又热爱动物的邻居。多年来，该中心吸引了一大批知名而又财力雄厚的捐赠者和志愿者，其中包括模特、演员兼动物福利倡导者帕梅拉·安德森（Pamela Anderson）以及一个做美容产品的公司。然而，相比于家养动物，捐赠给野生动物的资金要少得多。该中心约三分之一的预算来自政府拨款，另三分之一来自捐助，剩下的三分之一则来自活动收入。与大多数非营利组织一样，筹款工作任重而道远。

但是，加州野生动物中心募集资金究竟是为了什么呢？

关于救助机构对保护工作的贡献，相关研究目前还较少。野生动物的种群会随着时间的推移而产生变化，这主要是受到生态因素的影响。这包括温度、降水等物理因素，与其他物种相互作用和感染疾病等生物因素，以及人类对群落和生态系统所造成的影响。野生动物需要一定体量和质量的栖息地以满足觅食需求，它们也必须保持足够的种群密度以实现社交和求偶。

在大多数情况下，野生动物救助站所救治动物的数量并不足以扩大这些物种的种群规模。即使救助动物的数量足以影响到种群兴衰，大多数被收治的个体也已经不再具备自主行动的能力。有些动物无法完全康复，有些因为风险太大而无法放归，还有更多的动物在接受治疗期间死亡。在关于这一课题的有限研究中，英国野生动物康复委员会发现：在英国 80 家野生动物救助站每年所收治的约 4 万只动物中，只有约 42% 的个体最终会被重新放归自然。

然而不幸的是，大部分被放归的动物在野外存活的时间也不长。在英国，最常被收治的物种是西欧刺猬，这种常见且分布广泛的小动物在野外的平均寿命为 3 年。在被救助站放归自然后，有25%~82% 的刺猬能够至少存活 6~8 周的时间。这些数字的巨大差异表明，我们对于被放归动物的命运仍然知之甚少。英国的研究还发现，只有约 50% 的臭鼬和 66% 的猛禽能够在被放归后活过 6 周。

救助站会避免放归那些注定失败的动物，但放归本身可能会因为多种原因而出现意外。有些动物即使展现出了健康的外表，它们仍然可能因为过于虚弱，从而无法在野外生存。有些动物可能已经过于依赖人类，难以自力更生；有些动物则因为与兽群失散而感到迷茫；有些动物的领地或已被其他同类占据；还有些动物可能会重蹈当初使它们陷入困境的危险行为。

野生动物救助站的性质介于旨在改善动物个体生存的动物福利团体和旨在维护物种和种群稳定的保护团体之间。如果你的目标是帮助动物个体，那么治疗生病和受伤的动物是具有意义的。然而，如果你的目标是保护物种和种群，那么除少数特殊情况外，提供兽医护理是成本最高、效果最差的举措之一。

　　在加州野生动物中心，与工作人员的交流让我深刻体会到他们对自然保护的热忱。他们之所以选择在救护站工作，原因是多种多样的。对于有些人来说，驱动力仅仅是渴望与动物打交道。但对于大部分人来说，动机则更为深刻。他们参与治疗、放归，甚至在某些情况下对它们实施安乐死，是为了让这些动物有尊严地活着或死去。在整个过程中，他们培养了怜悯之心，同时也更深刻地感悟到了人性。这些员工之所以这么做，是因为他们相信这么做是正确的。

　　许多野生动物保护者却并不这么看。他们认为，昂贵的兽医护理涉及不可避免的权衡。救助站可能会帮助到个别动物，但对物种或生态系统却没有任何实质性的贡献。这些机构甚至可能会伤害到围墙外的野生动物，因为它们占用了宝贵的资源，这些资源原本可以用于保护和恢复栖息地，从而帮助更多的动物。

　　然而，情况却并非如此简单。至少在两种情况下，兽医护理可能会对物种保护起到积极的作用。第一种情况涉及像加州神鹫这样的濒危物种。1987 年，该物种在全球的数量仅剩 27 只。在此之前的几十年里，数十只秃鹫因铅中毒或撞击电缆而接受治疗或不幸丧生。为了拯救这一物种，管理者将所有的成年秃鹫集中起来并开展了人工繁殖计划。这一案例阐明，及时和长期的兽医护理对濒危物种的恢复至关重要。在第二种情况中，救助站充当了哨兵的角色，追踪着野生动物和人类所面临的健康威胁。这些威胁包括生物威胁，如新出现的人畜共患病，以及物理威胁，如某一路段动物撞击事故的增多，这表明有必要在该路段加强车辆限速管理、加强执法或改善基础设施等。

救助站照顾动物为教育公众提供了机会，同时也引发了关于与野生动物和谐共存的艰难对话。许多小动物因遭到宠物猫的袭击而被送进救助站。这些生动的例子表明，通过加强教育并采取简单而积极的措施，我们可以减少那些本可避免的杀戮。对于那些无法放归自然的迷人物种，它们可以通过成为当地的野生动物代表来为教育事业出力。在我的家乡，一只名为"Max"的美洲雕鸮扮演这个角色已经有 20 多年的历史了。在雏鸟时期，"Max"因掉出巢穴而被送往当地的猛禽救助中心。在那里，它很快就和人类打成一片并因此无法再回归野外。后来，它被送到了圣芭芭拉自然博物馆，开启了自己作为当地名人、教育家以及筹款者的职业生涯。

像"Max"这样的可爱角色并不会引起什么争议。但是，我们如何才能厘清那些兽医护理和野生动物保护之间的对立论点，从而做出最佳的决策来帮助野生动物? 为了探寻问题的答案，我请教了世界上最知名的伦理学家之一彼得·辛格（Peter Singer）。

辛格是一位实践伦理学的功利主义哲学家，1975 年，他因发表了现在已经成为经典的著作《动物解放》而声名鹊起。辛格认为，我们应该对所有拥有感知能力的动物负责，因为它们都能感受痛苦。在 20 世纪 70 年代，他认为所有动物都能感知痛苦的主张得到了广泛的支持。如今，这一观念更是拥有无可辩驳的依据。因此，他得出结论："如果一个生命遭受痛苦，那么忽视这种痛苦在道德层面是站不住脚的。"否则，这就是物种歧视，一种不亚于年龄歧视、性别歧视或种族歧视的偏见。

辛格提出了一个重要的警示。尽管所有动物都会感受痛苦，但它们体验痛苦的方式却有所不同。无脊椎动物感受到的痛苦可能比脊椎动物少，因为脊椎动物拥有中枢神经系统，这令它们更能意识到自己所处的困境。那些拥有高智商、出色记忆力、较长寿命，以及对群体、家庭和自身投入资源的生物（包括大多数人类），能够比其他动物感受到更多的痛苦。我们的行动义务取决于所涉及的痛苦程度，但总的来说，减少任何形式的痛苦都是正确的做法。

辛格在 20 世纪 70 年代所发表的著作似乎支持加州野生动物中心等机构的目标，即减少动物的痛苦并平等对待所有动物。然而，他近些年的作品却引起了人们的疑虑。在他于 2015 年出版的《行最大的善》一书中，辛格认为仅仅做好事是不够的。他认为，"有效的利他主义"并非是要区分是非对错，而是要在一系列利他主义选项中确定哪种才是最有效的行动方案。那个能够减少最多痛苦的选项就是最佳的答案，比如将捐款赠予一个能够持续展示切实成就的慈善机构，而不是一个隐瞒财务状况并无法呈现明确成就的同类机构。从这个角度来看，野生动物救助站，消耗相对高昂的预算、缺乏动物被放归自然后存活率的数据，以及对更宏观保护目标的贡献十分模糊，似乎是一种较差的减少痛苦的方式。

觉察到上述的这种矛盾后，我安排了一通视频电话，与身在澳大利亚的辛格进行了交流。他说话带着浓重的澳洲口音，尽管已经七旬有余，但看起来依然十分年轻。在视频中，他露出了温暖的微笑，然后便耐心地倾听起我的困惑。对于我所抛出的关于他相隔40年的两本作品中冲突的观点，辛格的回答曾在短时间内偏离主题。他先是喃喃自语地谈到了气候变化，接着指出大多数人更容易与个体生命产生共鸣，而不是与物种种群。他还提醒我，濒危动物所承受的痛苦并不比普通动物多。之后，他才切入正题，有效的利他主义者必须睿智地花钱以实现最大的善。他说道："我不知道答案，但这些救助站似乎是减少痛苦的低效方式。还是让数据来说话吧。"

在1994年的安德鲁台风中，迈阿密动物园深刻认识到圈养动物与野生动物之间的紧密联系，以及这种联系对城市生态系统所产生的深远影响。如果说这场风暴是迈阿密动物园的觉醒时刻，那么加州野生动物中心的洞察之日则在24年后一个同样炎热的日子里降临。

2018年11月8日星期四下午3点，救助站的工作人员获悉一场名为"伍尔西山火"的小型火灾正在十几英里外的山区燃烧。这场意外发生的时间确实非常不巧。就在一个小时前，当地的消防队员已经被派遣去处理附近的另一场火灾。与此同时，在加州北部，数十名消防员正在紧急赶往"坎普山火"的事发现场，在接下来的48小时内，这场大火将焚毁天堂镇并成为该州历史上造成死亡人数最多的火灾。伍尔西山火初期的规模并不大，但干燥的热风迅速助长了火势。当晚，官员们向沿途近30万人发布了撤离令。9日凌晨

3 点，加州野生动物中心的工作人员在救助站集结。在接下来的 90 分钟里，他们将短尾猫、负鼠、红尾鵟、灰背隼等一大批仍需照料的动物装箱，并匆忙放飞了所有有可能在野外存活的鸟类。

　　两小时后，伍尔西山火跃过了 101 高速公路，蔓延至为保护美洲狮等野生动物过街而拟建的利伯蒂峡谷天桥的附近。在高速公路的南侧，大火形成了一堵宽约 22 千米的火墙，并开始沿着崎岖的地形向南方和西方推进。火势很快就一路延伸至马里布的海滩，破坏了 1500 栋住宅，损毁了数百家企业、政府建筑和历史地标。伍尔西山火总共烧毁了近 393 平方千米的土地，其中包括圣莫尼卡山脉国家休闲区 88% 的土地。

　　加州野生动物中心幸免于伍尔西山火的蹂躏，但也只是勉强躲过。在工作人员撤离数小时后，一条火线沿着马里布峡谷公路疾驰，在距离救助站仅几千英尺的地方擦身而过。随后的几天里，该中心接收了数只被大火烧伤的动物，其中包括一只爪子被烧伤的短尾猫。然而，就像当年安德鲁台风的情况一样，该地区野生动物的境况要好于人类。在火灾中几乎没有发现动物的尸体，当地大部分的美洲狮也毫发无损地再次露面。野生动物知道如何在风暴和火灾中保护自己，这些场景它们已经经历了数千年，即使它们在面对汽车、窗户、枪支和人类等新型危险时会略显笨拙。

　　动物园、救助站以及其他圈养动物的机构是城市生态系统中被低估的一环，它们既存在着无法粉饰的风险，同时也提供着难以量化的好处。然而，有一点是显而易见的：它们与周围的土地、水域和野生动物之间的联系正变得日益紧密。在 21 世纪的美国城市中，这些场所所面对的挑战是让野生动物继续生活在野外，让圈养动物维持圈养的状态，并努力确保没有人受到伤害。

第十二章

—

危害管控

—

在 1980 年的经典喜剧《疯狂高尔夫》中，剧中的草坪管理员卡尔（Carl）四肢发达、头脑简单，他的任务是为芝加哥郊区的布什伍德乡村俱乐部清除一名令人恼火的入侵者。该入侵者是一只地鼠，它被隔壁的建设项目赶出了原来的巢穴，如今栖身于俱乐部的高尔夫球场之下，修剪整齐的草坪也因此遭受了破坏。"我要你杀光球场上的所有地鼠，"气急败坏的老板用浓重的苏格兰口音命令卡尔。"我们可以这么做，甚至都不需要理由，"卡尔回答道。

布什伍德是一个保守的地方，但变革的时机已然成熟。享乐主义富二代泰·韦伯（Ty Webb）嘲笑着俱乐部的传统和礼仪。开发商阿尔·克泽维克（Al Czervik）将地鼠之前的家园夷为了平地，他以粗鲁的行为和滑稽的举止不断挑衅着俱乐部主席埃利胡·斯梅尔斯（Elihu Smails）。雄心勃勃的年轻球童丹尼（Daniel）希望凭借自己的球技颠覆布什伍德的阶级体系。而一只狡猾的啮齿动物则威胁要破坏俱乐部掌控着自然的假象。

卡尔与地鼠的故事原本只是该剧的一个次要情节：这位倒霉的维护人员在高尔夫球场上与他的动物对手斗智斗勇。然而，40 多年后的今天，他们之间史诗般的战斗却成了电影中最令人难忘的桥段。

卡尔以一篇演讲拉开了行动的序幕。"我觉得是时候给这些讨厌的家伙上一堂道德课了，"他嘟囔道，"我要让他们知道如何才能成为一个正派、正直的社会成员。"当卡尔伸手进洞并被地鼠咬伤后，他一边脱下手套一边下定决心不再手软。他相信，消灭对手的最好办法就是向它的地道网络里灌入五十几吨的水。这一操作瞬间让附近练习场上的球洞口变成了喷泉，但地鼠却毫发无伤。

接下来，卡尔还尝试了开枪射击，但在郊区的乡村俱乐部，这种方法被证明是不明智的。最终，这位倒霉的管理员不得不祭出重拳。在自己的小屋中，他一边自言自语，一边组装着塑胶炸药。"要杀敌，你必须了解你的敌人。这次，我的敌人是害虫，而害虫永远不会放弃。永远不会。"为了拯救球场，卡尔必须先摧毁球场。

在影片的高潮部分，卡尔引爆了炸药，树木被炸飞，高尔夫球手们四散奔逃，布什伍德球场的大部分区域毁于一旦。大地一阵颤抖，丹尼最后的推杆阴差阳错地落入了球洞，他因此赢得了与俱乐部主席的比赛，获得了大学奖学金和一片大好前程。故事结尾处，地鼠依然活蹦乱跳，在流行摇滚乐歌手肯尼·罗根斯（Kenny Loggins）演唱的《疯狂高尔夫》的歌声中，这只得意的动物翩翩起舞。

"我很好

没人担心我

你为什么要和我争吵?

难道你就不能让它顺其自然吗?"

用《疯狂高尔夫》来讨论城市和有害生物防治问题似乎有些荒谬，但卡尔的不幸遭遇比人们所想象的更接近现实。在美国，有害生物防治（针对脊椎动物）一直是一项耗时、昂贵、低效，充斥着暴力而且基本毫无意义的工作。它关注的是症状而非症结，不仅未能解决实际问题，还滋生了一系列新问题，导致了难以估量的间接损失，酿成了巨大的苦果，并使少数人受益，而多数人受损。该领域的从业人员及其服务对象正逐渐从这场灾难中觉醒。然而，时至今日，有害生物防治仍然是美国很多城市对野生动物进行管理的主要形式。怎么会变成这样呢？

"有害生物"这一概念实际上并没有一个公认的明确定义。同一种生物在某一背景下可能被视为有害生物，而在另一种背景下则可能是无害的、有价值的，甚至是濒危物种。有害生物并非是一个具体的实体，而是一种观念、一种关系和一种主观感受。尽管如此，许多人仍然在使用这个术语，仿佛他们知道它的确切含义。套用已故最高人民法院法官波特·斯图尔特（Potter Stewart）的话来说，"有害生物"一词或许无法定义，但大多数人仍认为他们看到有害生物就知道它们是什么。

当我看到那些被归为"有害生物"的动物时，无论是一只在居民菜园中觅食的鹿，还是一只偷走了游客午餐的海鸥，我仿佛看到的是一个价值数十亿美元的、被称为野生动物致害管理的产业。与野生动物共处并非没有弊端。它们每年以直接或间接的方式使美国人损失了数十亿美元，包括农作物和牲畜的损失、对财产和基础设施的破坏、相关的医疗费用，以及对公共健康和公共安全造成的其他危害。但是，野生动物所造成的损失的相关统计数据却难以获得，而且现有的统计数据也充斥着错误、偏差和假设。没有人知道野生动物对人类的生命、生活或财产造成了多大的"损害"，也没有人能给出一种令人信服的方法来将"损害"与野生动物所带来的益处进行比较。

　　　　　　　　城中自然 | 偶然的生态系统

根据野生动物致害管理互联网中心的说法，"野生动物致害管理"旨在平衡人类与野生动物的需求，以促进双方共同发展。该中心的既定目标是提供应对人类与动物冲突的科学解决方案。近年来，该行业的从业者们正在努力适应不断变化的社会期望和日新月异的科学发展，他们在疾病生态学、入侵物种管理和旅行安全等领域开展工作，我们都应该向他们表示感谢。但是，该产业的新面貌仍在形成中，该领域仍然任重而道远。

　　有害生物防治拥有悠久而又独特的历史。人类与其他物种之间一直存在着复杂的关系。然而，几乎在人类历史的所有时期，我们都生活在小规模的部落或村庄中，依靠狩猎和采集为生。在这种生存状态下，不足以形成产生传染病和有害生物的温床。在人类定居下来并开始种植作物和建设城市之前，我们的人口规模不够大，停留的时间也不够长，因此无法为其他物种提供可靠和有益的机会。

　　在古代社会，有害生物被视为神灵干预的信号。这种干预通常以惩罚的形式出现，但强大的神灵也可以召唤动物来帮助人类。例如，在古埃及神话中，据说造物神普塔诞生于时间开元之前并创造了宇宙，他召集了一支由老鼠组成的军队来对抗进攻贝鲁西亚的亚述士兵。

　　欧洲的民间传说和哲学也试图在人类和动物之间寻求一种难以实现的和解。在古希腊的文献中，农民被建议与潜在的有害生物签订契约，将收成的一部分留给昆虫和啮齿动物。古罗马时期最著名的博物学家老普林尼（Pliny the Elder）相信女性的月经可以驱赶那些破坏庄稼的害虫。公元 79 年，老普林尼因为吸入了维苏威火山喷发所释放的有毒烟雾而窒息身亡。正是这次著名的火山爆发在庞贝古城掩埋了成千上万只老鼠，从而为早期的虫害侵扰提供了确凿的证据。之后的神话，比如创作于 14 世纪黑死病大流行时期的德国传说《花衣魔笛手》，探讨了被疾病和饥荒笼罩的中世纪社会对有害生物的恐惧。

在维多利亚时代，英国和其他一些地方的城市发展催生了一支崭新的有害生物防治大军。杰克·布莱克（Jack Black）自封为女王的官方灭鼠官，他不仅是一位高调的自我标榜者和趋炎附势者，同时还是一位假药商人。他身穿绿色外套和大红背心，腰间束着饰有铸铁老鼠的厚皮腰带，下身则是白色马裤。他在伦敦市内四处巡游，宛如一棵四处游荡且健谈的圣诞树。布莱克一边消灭啮齿动物，一边还饲养繁殖它们，他将培育出的新品种作为宠物在市面上出售。据传闻，他曾将自己培育的"高档"老鼠卖给了碧雅翠丝·波特（Beatrix Potter）和维多利亚女王这样的贵宾客户。

到了 19 世纪 40 年代，专业的灭鼠师开始在纽约和费城等美国城市提供服务。沃尔特·艾萨克森（Walter Isaacsen）是纽约早期知名的灭鼠师，他于 1857 年在布鲁克林开了店铺。为了消灭老鼠，艾萨克森使用了一组训练有素的雪貂和据说足以杀死大象的毒药。

当现代野生动物管理领域于 1885 年在美国萌芽时，其主要关注点是有害生物。政府设立的经济鸟类学和哺乳动物学部是第一个专门负责野生动物编目和管理的联邦机构。该机构致力于区分那些能够带来经济效益的野生动物和那些给美国企业及纳税人造成损失的野生动物。当时的想法是，如果可以量化不同动物的成本和收益，那么官员们就可以有针对性地对每个物种采取相应的措施。数十年后，该机构更名并扩大了职责范围：1905 年更名为生物调查局，随后在 1940 年再度更名为美国鱼类及野生动物管理局。

该机构的职责也是数十个州相关工作的缩影，都侧重于防控农业害虫这一艰巨的任务。19 世纪，美国中西部和大平原地区的农民创造了世界上最富饶的粮仓。然而，大规模地砍伐和开垦这些地区的森林和草场导致数十个物种遭受了灭顶之灾。剩下的一些物种，连同新的外来物种和病原体，在没有天敌的情况下大量繁殖。疫病、虫害、牧场纠纷和沙尘暴不久也接踵而至。

与乡村地区一样，在城市中开展有害生物防治工作也比想象中更为困难。障碍主要来自两个方面。首先，城市为一些潜在的有害生物提供了理想的栖息地。即使在最理想的情况下，消灭老鼠和臭虫都不是一件容易的事情，在资源丰富的城市地区那就更不可能了。第二大障碍则是偏见。政客和专家普遍认为，有害生物数量最多的地方通常是移民和有色人种聚居的贫困社区。他们将这些社区描绘成肮脏之地，到处都是邋遢的人，吸引着恶心的害虫。这些观念本身就难以根除。2019 年，时任美国总统特朗普就曾发表过类似的种族主义言论，他将众议员伊莱贾·卡明斯（Elijah Cummings）所代表的马里兰州选区描绘为"令人作呕的老鼠横行之地"。诚然，贫困社区的居民经常因为与不受欢迎的动物相伴而遭受过多的非议，但这一切并非他们自找的。政府的忽视、大意和不投资使他们被边缘化且更容易受到伤害。虽然，那些富人和白人比例更高的社区中的居民并没有更讲究个人卫生，但他们却享受着更清洁、更安全的环境所带来的福利。

1920 年至 1950 年期间，一系列发展为现代有害生物管理的新时代奠定了基础。类似于 20 世纪 20 年代所提出的在纽约市的海滨区域建造防鼠屏障这类古怪而又不切实际的项目被搁置了。取而代之的是新一代专业野生动物管理人员的新认知，即生态条件决定了特定区域内野生动物的数量。根据这一逻辑，管理野生动物，包括有害动物，最佳的方式在于管理它们的栖息地。

生态学家大卫·E·戴维斯（David E. Davis）将这一伟大构想应用在了那些不起眼的老鼠身上。他于 1939 年在哈佛大学获得博士学位，之后相继在约翰斯·霍普金斯大学、宾夕法尼亚州立大学和北卡罗来纳州立大学工作。他共出版了 3 本著作，发表了 230 多篇论文。戴维斯开创了研究城市中老鼠的方法，同时也推翻了"纽约市人鼠比例达到 1 : 1"的谬论，他认为该比例接近于每 30 人 1 只老鼠。根据戴维斯的观点，控制老鼠的唯一方法就是管理它们的栖息地。他的理念本可以推动有害生物防治朝着更为人道、合理和有效的方向发展，但一些因素阻碍了他的设想。

20 世纪 30 年代，私营的有害生物防治公司联合起来，成立了国家有害生物防治协会。这是一个颇具影响力的游说团体。该协会反对监管杀虫剂，阻挠了灭虫师需持证上岗的立法，并找到了规避大萧条时期劳工法的灰色手段。这些公司的所有者为自己在构建美国城市整洁和现代化形象中所发挥的作用而感到自豪，他们也下定决心继续保持私营独立的地位。在很大程度上，他们成功了。

1931 年，美国国会开始介入。国会通过了一项法律，授权美国

城中自然 | 偶然的生态系统

农业部部长针对有害物种开展野生动物服务计划，同时允许部长采取一切必要的措施来执行该计划。这项新法律扩大了政府在有害生物管理方面的工作范围，肉食性动物和啮齿类动物防治部门也应运而生。1985 年，该机构更名为动物致害防控部，1997 年则再次更名为野生动物服务处，隶属于美国农业部下属动植物卫生检验局。如今，除开展研究工作外，该组织还协助其他机构管理入侵物种。然而，同私有的有害生物防治公司一样，野生动物服务处的工作重点是帮助客户处理问题动物。在提供此类服务的过程中，该机构并未受到有效的监管，所采取的措施也并非基于充分的科学依据，同时也缺乏明确且令人信服的保护目标。仅在 2019 年，野生动物服务处就消灭了约 120 万只动物。

在防治有害生物的进程中，科技也发挥了至关重要的作用。包括马钱子碱在内的一系列常用杀虫剂早在 19 世纪就已"诞生"。然而，第二次世界大战期间和战后的军事、工业和农业研究使得新型的强效化学品变得廉价且易于获取。1942 年问世的氟乙酸钠（亦被称为"化合物 1080"）可以阻止细胞代谢碳水化合物，从而使细胞丧失能量。DDT 于 1945 年作为杀虫剂被大肆使用，它能打开神经元中的钠离子通道，使神经元自发地反复放电，从而导致细胞死亡。华法林是一种抗凝血剂，它于 1948 年作为灭鼠药被首次投入市场，摄入了华法林的老鼠会流血不止直至最终死亡。为了防控动物，战后的美国人将动物的栖息地和身体通通淹没在化学毒剂之中。

从那以后，情况有所改变，但也仅是稍有改观。例如，1972 年，尼克松政府禁止在联邦土地上使用化合物 1080。然而，这项禁令并不适用于州政府或私人拥有的土地，也没有对市面上的库存产品进行召回。同其他的有害生物防治法规一样，该条例也充斥着例外情况和漏洞。与此同时，私有化的有害生物防治产业不断发展壮大，它们在大多数州都基本不受监管。如今，该产业主要由州和联邦机构主导，由产品效能缺乏科学依据的私人企业来提供服务，由既造成生态破坏又导致动物痛苦的技术和理念提供内核支撑。

对有害生物防治行业最严厉的指责之一，便是它造成了如此大的危害却未能解决实际问题。尤其是在城市地区，与野生动物相关的冲突事件的数量还在不断上升。野生动物服务处的数据显示：在1994至2003年的10年间，与城市野生动物有关联的年均经济损失增长了10倍，从大约1000万美元增长至近1亿美元。尽管具体的数字或许并不可靠，但相关证据表明这种成本增长的趋势是非常真实的。

这些损失以多种形式出现，其中最常见的是财产损失，包括汽车、房屋和花园受损的情况。环境方面的影响也十分普遍，小到令人不悦的噪声和异味，大到入侵物种对森林和水体的破坏。此外，还包括公共健康和公共安全方面的问题，例如疾病的传播以及野生动物造成的人身伤害或宠物损失。

与野生动物相关的最可怕的公共安全风险是汽车或飞机撞击动物的事故。2008年至2018年期间，美国联邦航空管理局共记录了约24万起野生动物撞击事故，涉及的动物包括蝙蝠、红隼、秃鹫，甚至有土拨鼠。加拿大雁是飞机撞击事故中最常见的受害者。意料之中的是，汽车撞击动物的频率要远高于飞机。根据保险巨头州立农业公布的统计数据：在 2017 年 7 月至 2018 年 6 月的一年时间内，全美共发生 133 万起因鹿、马鹿、驼鹿或北美驯鹿所引发的交通事故，平均每起事故造成 4341 美元的经济损失。与动物相关的事故索赔在加州最少，平均每 1125 名驾驶员中仅有 1 人提出索赔；在西弗吉尼亚州则最为常见，平均每 46 名驾驶员中就有 1 人报告了此类事故。

其他类型的财产损失则因地区和物种而异。1994 年至 2003 年期间，全美与野生动物相关的损失索赔中，浣熊是"涉案"最多的动物。郊狼、臭鼬、河狸、鹿、大雁、松鼠、负鼠、狐狸和乌鸫皆在前十之列。在美国西部地区，臭鼬高居榜首。在中部地区，郊狼、乌鸫和鹿名列前茅。在东部地区，处于领先地位的则是河狸和大雁，每种动物都会给数千人带来麻烦。

在美国，当我们面对制造麻烦的动物时，传统的做法是先开枪、诱捕或毒杀，然后再开始问问题。这是州和联邦政府在历史上大部分时期的操作模式，而在如今的公共机构和私营有害生物防治公司中，这仍然是一种普遍的思维模式。在管理野生动物的过程中，使用致命手段并非永远都不可取。有时，确实会出现紧急情况；有时，杀死几只动物会造福更多的动物；有时，这对相关动物来说是最好的选择；有时，管理计划是围绕着精心监管的狩猎而设计的；有时，也没有其他更好的选择。然而，即使我们对相关问题背后的根本原因进行粗略的审视，我们也能发现为什么流血手段通常是无效甚至是适得其反的。

灭杀手段可以在短期内减少野生动物的数量，但除非将它们彻底赶出某一片区域，否则在合适的条件下，动物的数量很可能会反弹。这意味着任何基于捕杀来控制野生动物数量的管理手段必须无限期地持续下去，这无异于消耗有限的时间和资源。对于繁殖迅速的动物来说，情况更是如此。在城市地区，此类动物包括了那些最成功，通常也是最令我们困扰的物种。浣熊、负鼠、老鼠、椋鸟、鸽子和棉尾兔就是其中的典型代表，幸存的种群成员会迅速提高自身的生育率来应对大规模的捕杀。今天杀死一只，明天就可能多出一双。

对于寿命较长的群居动物来说，杀死一些高级别的个体甚至可能在种群中引发混乱。取而代之的个体往往更年轻、经验也比较欠缺，它们没有固定的领地，也缺少成年个体来教导或约束它们。这些正是最有可能引发问题的动物，正如"熊喊者"史蒂夫·西尔斯于20世纪90年代在马姆莫斯湖射杀不守规矩的熊时所发现的那样。因此，通过捕杀来减少种群数量不仅会提高野生动物的出生率，还会扰乱它们的社会结构并滋生出领地问题，动物的行为将有更大的不确定性，人们也更难与之共存。

在城市地区捕杀动物也比在乡村更为困难。城市居民反对捕杀的呼声更高，尤其是涉及鹿和熊等大型和富有魅力的物种。在许多城市，开枪射击是被明令禁止的。尽管在部分社区采用弓箭射杀也是一种选择，但这可能会造成受伤的动物一边流着鲜血，一边绝望地穿过居民的后院然后惨死的惊悚场景。城市充斥着毒鼠药，但随着居民愈发意识到鼠药对于儿童和宠物的危险性，这些药物的使用也备受争议。

通过致命手段来防控动物的一大弊端就是其导致的间接伤害。陷阱经常捕捉到非目标动物。毒鼠药需要一定时间才能杀死食用它的动物，而这些动物在虚弱和迷失方向的状态下更容易成为猎物。毒药的毒性会在食物链中积累，然后在短尾猫、郊狼、鹰和美洲狮等捕食者的体内达到很高的浓度。例如，在加州开展的一项研究中，70% 的哺乳动物（包括 85% 的短尾猫）的毒鼠药检测结果呈阳性。在纽约开展的另一项研究中，49% 的猛禽（包括 81% 的美洲雕鸮）的检测结果呈阳性。具有讽刺意味的是，这些深受毒药之苦的捕食者正是那些吃老鼠的动物。它们在帮助我们，而我们却用毒药来回报它们。

另一方面，毒药目标群体中的许多动物已经获得了更强的免疫力。早在 20 世纪 70 年代，褐家鼠就开始对抗凝血剂产生抗药性。随后，第二代抗凝血剂迅速问世，并被广泛沿用至今。但它们比早期的化学物质的毒性更强，在生物体内和环境中残留的时间也更长。

非致命的手段，即在不杀死动物的前提下试图改变它们的行为，往往既花费昂贵又不切实际。厌恶疗法或许对黑熊有效，因为黑熊在长时间接触噪声、强光和橡皮子弹后可能会得出结论：人类是可怕、讨厌，甚至有点疯狂的物种，以后最好离他们远一点儿。但是，除了行为心理学家外，几乎没有人会对一只老鼠实施厌恶疗法。将野生动物从一个地方转移到另一个地方很少会有好的结果，因为大多数动物在陌生的环境中都不会好过，这通常只是将问题从一个人的后院转移到了另一个人的后院罢了。绝育手段不仅效率低下，而且同样面临着巨大的经济压力，其成本足有捕杀手段的 10 倍。然而，在某些地方，如果居民无法就其他解决方案达成一致，绝育只能是某些物种的最后选项，例如史坦顿岛上的白尾鹿。

在为数不多的可能的确需要实施大规模捕杀以控制种群数量的情况中，有一种动物却又引发了巨大的争议。据估计，美国有 6000 万至 1 亿只野猫。猫在进化过程中成为肉食动物，而且许多猫成了超级捕食者。正如迈克尔·索尔所指出的，猫具有很强的捕猎本能，无论饥饿与否，它们对猎物总怀有浓厚的兴趣。因此，猫所猎杀动物的数量远远超过了它们实际所需的食物量，即使向它们投喂再多的猫粮也不能避免这种情况。每年，野猫或散养的宠物猫会杀死数十亿只野生动物，包括小型的两栖动物、鱼类、爬行动物、哺乳动物，尤其是鸟类。而被它们伤害或被它们传染疾病的动物数量则要更为庞大。许多受害者会缓慢而痛苦地死去，另一些则被送往像加州野生动物中心这样的救助机构，从而耗费了宝贵的时间和金钱。其实，野猫的命运也同样充满坎坷。相较于宠物猫，它们的一生要短暂得多，也艰辛得多。然而，尽管显然有必要减少野猫的数量并说服宠物主让家猫待在室内，但反对这些措施的呼声依然高涨。一个看似可爱却凶猛的捕食者，背后站着强大而又坚定的支持者，打败它谈何容易。

虽然卡尔在与地鼠的斗争中败下阵来，但他对铲除这一毛茸茸宿敌的执着揭示了一些重要的真相。与令人反感的野生动物共存并没有简单的解决方案，但一个对数百万动物处以极刑的社会似乎正朝着错误的方向发展，尤其当这些动物最大的罪行也只是给人类带来了不便而已。捕杀有时是不可避免的，但如果我们能更多地摒弃这些极端手段，转而专注于系统性的解决方案，如恢复栖息地和增加其原生捕食者的数量，那么各方都会因此受益。这一次，轮到城市来引领制定更为合理、人道及有效的与野生动物和谐共处的方法。再次套用卡尔在《疯狂高尔夫》中的那句经典台词，"我们可以这么做"。只是这一次，我们确实有理由这么做。

第十三章

—

快速向前

—

城中自然 ｜ 偶然的生态系统

20 世纪 90 年代和 21 世纪初，观鸟者们敲响了一个令人颇为意外的警钟。家麻雀，这种在世界各地的城市中生活了数千年的鸟类正在消失。从伦敦到孟买再到费城，家麻雀的数量已经比 20 世纪的峰值下降了95%。尽管确切的原因尚不为人知，但这个现象引起了大众的密切关注。一些爱鸟人士将家麻雀视为威胁本土鸟类的外来物种，对于它们数量骤减持喜闻乐见的态度。然而，许多生态学家和流行病学家则对此忧心忡忡，他们认为家麻雀是城市环境健康的一个重要指示物种。如果连这个世界上最坚韧和适应性最强的鸣禽都在消失，那必然意味着出现了极为严重的问题。

　　家麻雀是为数不多与人类关系密切的物种之一，其他类似的动物包括烟囱雨燕、谷仓猫头鹰、屋顶鼠和臭虫。不难看出，它们甚至连它的名字都令人联想到人工建筑环境。家麻雀与人类的关系改变了它的命运，甚至改变了它的习性。几千年来，几乎所有的家麻雀都生活在农场或城市中，它们依赖于人类并逐渐进化成了适合在街头"谋生"的物种。这种与人类共存的能力使家麻雀分布全球各地，但也正因如此，它们把所有的"鸡蛋"都放了同一个篮子里。

　　人类是当前地球上最强大的进化驱动力之一。当我们改变栖息地时，我们干扰了自然选择的力量，给生态系统中的动植物带来了新的机遇，也施加了新的进化压力。许多物种很难或根本无法适应，但有些物种却能通过一种被称为"人为诱导的快速进化"的过程来适应。家麻雀就是一个典型案例，而长期以来被大多数生物学家所忽视的城市，也越来越被视为研究进化改变的实验室。在众多物种正在减少或消失的时代，有些物种能够快速适应环境的理念似乎让人看到了希望。然而，我们也有理由担心，进化——这一自然界应对变化的最伟大机制，将无法跟上人类这一有史以来最不安分，但同时也是最具创造性和破坏性的物种所驱动的变化步伐。

有趣的是，世界上最常见的鸟类之一竟然如此不起眼，以至于大多数人可能都认不出它。家麻雀是一种体态饱满、羽毛斑斓的鸣禽，它们在世界各地城市的街头、人行道和野餐桌上蹦蹦跳跳，啄食种子和食物残渣。如果您此时正身处城市，又恰逢户外，那不妨环顾一下四周，或许您就会看到一只家麻雀。

家麻雀是麻雀属的成员，该属共拥有20多个物种，它们广泛分布于欧洲、北非和亚洲。类似家麻雀的鸟类的化石最早可追溯至大约40万年前，这些化石在今天的巴勒斯坦城市伯利恒周边的一座洞穴中被发现。经过漫长的进化，这些鸟类逐渐变成了喧闹的群居动物，当时栖息在中东地区常见的草原和森林中。

大约1.1万年前，人类开始农耕，日益丰富的谷物和种子成了家麻雀可利用的理想资源。在接下来的1000年内，同该属其他成员不同，大多数家麻雀停下了迁徙的脚步，转而生活在人类定居点周边。少数继续迁徙的个体则沿着村庄前进，沿途建立新的种群。到了距今3000年前，它们出现在了青铜时代的遗址中，最北抵达了今天的瑞典。

家麻雀是最早被正式命名的物种之一。1758年，现代分类学之父瑞典人卡尔·林奈对其进行了定名和描述。在那时，家麻雀已经成为一种主食和象征，人们猎捕它们作为食物，将它们作为宠物来饲养，并且将家麻雀作为通俗文学、宗教典籍和民间传说中常用的角色和象征。

关于家麻雀抵达北美大陆的确切时间尚无定论。1850 年，布鲁克林研究所，即今天的布鲁克林博物馆的前身，从英格兰引进了一批家麻雀并于次年将它们放飞。据称，此后纽约在 1852 年和 1853 年，美国中西部地区在 1854 年和 1881 年，也进行了类似的放飞活动，但相关记录并不十分明确。也许，首批被释放至野外的 16 只个体就足以让该物种在这片异国的土地上站稳脚跟。到了 19 世纪 70 年代，家麻雀已经在芝加哥、丹佛、加尔维斯敦和旧金山等地留下了"足迹"。如今，它们生活在北美的每一个主要城市。放眼全球，六大洲的城镇都有它们的身影。

博物馆和俱乐部引进家麻雀是因为双方成员认为这是种美丽的动物，同时它们也将有助于控制美国部分地区的虫害问题，因为部分地区的农耕已经打破了鸟类捕食者和害虫之间的平衡。结果事与愿违，家麻雀不仅捕食昆虫，它们也吃作物，进而引发了一场关于它们价值的争论。这场争论被称为"麻雀战争"，对立双方是将家麻雀视为威胁的美国农业部和美国鸟类学家联合会以及对家麻雀的存在表示支持的休闲鸟类爱好者。诋毁家麻雀的人毫不留情，他们称家麻雀为"流浪汉""掠夺者"和"有羽毛的强盗"，呼吁大家对该物种实行无条件地灭杀，无论何时、无论何地。"圣诞节鸟调"活动的创始人弗兰克·查普曼就对家麻雀极为厌恶。他写道，有它们在，就仿佛"某种恶臭永远玷污了我们田野和树林的芬芳"。

1889 年，美国农业部下辖的经济鸟类学和哺乳动物学部的沃尔特·巴罗斯（Walter Barrows）发表了一项关于家麻雀肠道内容物的研究成果。他得出结论，家麻雀的竞争力击败了超过 70 种本土鸟类，其消耗的谷物量要远多于摄入的害虫量。此外，它们还被怀疑是传染病的携带者。此后的研究表明，家麻雀是至少 29 种能够感染人类或其他动物的病原体的宿主或病媒，其中包括西尼罗病毒、副黏病毒、口蹄疫病毒、圣路易斯型脑炎病毒、引发禽流感的病毒，以及一种也感染鸡的衣原体。家麻雀携带这些病原体的能力使其成为一种极好的指示性生物，可以为潜在的公共健康威胁提供预警。然而在 19 世纪，科学家们还远未认识到这些鸟类所能发挥的有益作用。由于家麻雀被视为害鸟，关于该物种的争论在美国最终演变成一场掺杂着马钱子碱的屠杀，且战线最终蔓延至北美洲其他地区以及欧洲和亚洲。

在争议发酵的同时，家麻雀自身也在发生变化。1896 年，布朗大学的胚胎学家赫尔蒙·C·邦普斯（Hermon C. Bumpus）进行了一场演讲，他认为家麻雀在北美的分布扩张是一个进化事件。他比较了来自英国的 868 枚家麻雀蛋和来自马萨诸塞州同样数量的家麻雀蛋，结果发现北美家麻雀的蛋更短，且在颜色和大小上的变异度更大。邦普斯证实了进化已然发生，但他对这一切背后的原因尚不了解。

两年后，邦普斯抓住了一次自然实验的机会。1898 年 2 月 1 日，一场严冬风暴袭击了新英格兰地区。当大多数同事都坐在室内的火炉旁品茶时，邦普斯却在普罗维登斯地区四处奔波，他收集了 136 只在风暴中失去行动能力的家麻雀。回到实验室后，其中的 64 只不幸丧生，而剩下的 72 只具有一些普遍的特征，包括体形较短，体重较轻，头骨较厚，但翼骨、腿骨和胸骨较长。邦普斯的结论是，暴风雨是一种自然选择性事件，它淘汰了那些不适应新英格兰地区多变气候的个体。他的研究是一项重要的科学贡献。由于他同时公布了数据和分析结论，该研究也成了一个经典的开源研究案例。此后，数十位生物学家重新分析了邦普斯的数据，家麻雀也由此成了进化生物学的模式生物。

1964 年，来自堪萨斯大学的理查德·约翰斯顿（Richard Johnston）和罗伯特·塞兰德（Robert Selander）发布了一份报告，指出自登陆美国后，家麻雀在颜色和体形上表现出了明显的适应性分化。值得注意的是，这些变化符合进化生物学的两大原则：恒温动物在相对较寒冷的环境中（就像邦普斯所在的新英格兰地区）通常会体形变得更大，体色则变得更淡。当时，大多数鸟类学家和进化生物学家普遍认为鸟类的进化需要数千年的时间，但根据约翰斯顿和塞兰德的观点，家麻雀的这些进化只用了不到 50 年。

这在今天看来似乎没什么大不了的，因为在当下的世界，一切好像都在飞速发展，也包括进化在内。但在 20 世纪 60 年代，约翰斯顿和塞兰德所宣扬的却是一种看似激进的观点。查尔斯·达尔文（Charles Darwin）认为进化是一个缓慢而渐进的过程，它如此之慢，以至于达尔文本人都无法解释在这个他认为只有几亿年历史的星球上，为什么会诞生如此丰富的生物多样性。当然，事实证明地球的历史要比达尔文所设想的古老得多。45 亿年的时间足以孕育丰富多彩的生物圈，然后再让生物经历数次大灭绝的摧毁。然而，对于约翰斯顿和塞兰德来说，达尔文的困惑并不是问题的关键。对于某些物种来说，在合适的条件下，进化并不需要亿万年，而只需几十年。

约翰斯顿和塞兰德使家麻雀成为快速进化的典型代表，但他们并不是第一个在野外观察到这种变化的人。19世纪60年代，英格兰西北部曼彻斯特市附近的博物学家注意到，相比于长期在该地区数量上占主导地位的浅色系桦尺蛾，深色系桦尺蛾的数量正在不断增长。几十年来，燃煤发动机和锅炉所产生的烟尘笼罩了整个地区，漆黑的树干使得停留在上面的浅色系桦尺蛾变得格外显眼，因而也更容易被捕食。包括阿尔伯特·B·法恩（Albert B. Farn）在内的一批科学家推测，这是一起发生在博物学家眼前的进化案例。1896年，詹姆斯·威廉·塔特（James William Tutt）将桦尺蛾的故事纳入了学校生物课作为重要内容，他将这种现象命名为"黑化现象"，如今则通常被称为"工业黑化现象"。然而，直到2016年，利物浦的一个研究团队才为这一变化提供了遗传学方面的解释。根据这个团队的说法，在1819年前后，一段DNA插入控制桦尺蛾翅膀颜色的基因中，并且这个基因在飞蛾种群中扩散开来。这是生物学史上最著名的进化案例之一，在生物学家充分了解其成因之前，人们已经将其视为经典传授了一个多世纪。

在塔特提出"黑化现象"一年后，华盛顿州的研究人员观察到了一种相似的变化。他们注意到石灰硫黄合剂在控制蚧虫、蚜虫和螨虫等农作物害虫方面的效力正在减弱。A.L. 梅兰德（A. L. Melander）在1914年找到了背后的原因——获得性耐药性（acquired resistance）。20世纪40年代所研发的合成有机杀虫剂（包括DDT）曾被认为将根治这一问题，但它们也只是提供了短期的解决方案。

1954 年，科学文献仅记载了 12 起对杀虫剂有获得性耐药性的案例，但该数字在 1960 年上升到了 137 例，并在 1980 年激增至 428 例。如今，已有 500 多个物种对至少一种化学杀虫剂具有耐药性，而令人咋舌的马铃薯叶甲甚至能够免疫 50 余种杀虫剂。今天，虫害管理者所关注的重点已不仅仅是管理害虫本身，还包括延缓害虫对杀虫剂的耐药性。

这些案例表明快速进化是普遍的，但科学家对此通常持怀疑、谨慎和保守的态度。许多人认为"工业黑化现象"和"获得性耐药性"是个别特例，快速进化在实验室以外是罕见的。然而，自 20 世纪 80 年代开始，研究逐渐揭示野生动物在应对捕猎、污染、疾病、入侵物种、气候变化和栖息地丧失等诸多挑战时发生的快速进化。快速进化的潜力是大自然的正常组成部分，但当前正是人类推动了大多数的生态变化，进而导致了野生动物种群的进化。

直到 21 世纪初，科学家们才开始将城市视为研究进化的实验室。他们发现，在路边涵洞中筑巢的美洲燕的翅膀变短了，这不仅使它们能够更灵活地觅食，还降低了被汽车撞击的风险。加拿大底鳉，东部湾区一种常见的坚韧小鱼，利用蛋白受体来保护它们脆弱的胚胎免受多氯联苯等有毒化学品的侵害。安乐蜥则长出了更长的四肢和更有黏性的趾垫，以便附着在混凝土墙壁等光滑表面上。在法国南部，鲇鱼开始捕食鸽子，它们跃出水面，然后迅速地将错愕中的猎物拖入混浊的水中。伦敦的地铁站现在也有了自己的蚊子物种，这种蚊子只生活在地铁系统中，其吸血的习性与其洞穴般的居住环境可谓完美契合。

研究脊椎动物在城市环境中快速进化的最佳对象便是鸟类。城市中的噪声可能会对许多鸟类造成严重的影响，因为它们依赖声音进行交流，而城市的喧嚣很可能会淹没它们的叫声。一些物种因此避开了城市，但另一些物种则通过改变其鸣叫的音量、旋律、节奏、时机或音调来适应城市的嘈杂环境。从人类到虎鲸，大多数发声的动物在嘈杂的环境中通常都会不自觉地提高自身音量。然而，对于那些已经进化成通过叫声来识别同类的物种来说，音调的改变可能会造成沟通困难。在这种情况下，整个种群都必须改变鸣叫和聆听的方式。有些物种，如乌鸫和大山雀，已经成功地在城市中实现了上述转变，它们不仅提高了自己的音调，同时还避免在交通高峰期鸣叫，以免自己的声音淹没在汽车的轰鸣中。其他一些物种，如青蛙和某些昆虫，也在进行类似的进化调整。

为了更好地理解快速进化对野生动物的意义，我们应该更广泛地定义这个概念，而不仅局限于一些引人注目的个例。大多数人可能认为，进化是由自然选择引起的物种性状的变化，包括遗传密码和外貌的改变。这些变化之所以发生，是因为它们赋予了某些优势，从而提高了繁殖成功率，并且能够将这种优势传递给下一代。当一个物种以这种方式进化时，我们说它已经适应了所处的环境。这是教科书版本的进化，但在野外，事情会立马变得非常复杂。

有些物种可能会经历一种被称为"强选择"的进化过程。当基因突变改变了基因的 DNA 序列，从而显著改变了该基因的效应时，这种情况就会发生。如果继承了这种新基因的个体比正常个体产生了更多的后代，那么该基因就会扩散传播开来，进而导致整个种群进化。曼彻斯特的桦尺蛾的"黑化现象"就属于这种情况。第二种进化模式通常被称为"温和选择"，它发生在一个已经存在于种群中的基因因为自然选择而变得更为普遍的情况下。温和选择的实现并不需要新的基因突变，并且可以一直在许多物种身上发生，因为基因通常具有替代形式，即等位基因，而等位基因在整个种群中不同个体身上存在的频次是不同的。一个种群中等位基因的多样性越丰富，其遗传多样性和温和选择的潜力就越大。

在许多情况下，进化与其说是自然选择的积极产物，不如说是遗传漂变的消极后果。遗传漂变是一种随机产生的多样性丧失，在小规模的种群中更容易发生。在支离破碎的城市栖息地，遗传漂变是一种威胁，因为那里的野生动物种群很容易缩小规模并变得更加孤立。这些种群会因为偶然因素和自然亡故而失去遗传多样性，其成员可能会更频繁地进行近亲繁殖，从而增加遗传有害性状的可能性。某些孤立的种群，如伦敦地铁站里的蚊子，可能会分化形成新的物种。然而，对于大多数种群而言，包括南加州的美洲狮在内，受苦受难的可能性要远远高于获得成功的可能性。

有些物种能够在无须进化的情况下适应城市的环境，至少在短期内是如此。当一个种群中的个体改变了自己的行为方式时，例如选择更为夜行性的生活模式，这种情况就会发生。有些动物缺乏做出此类改变的能力，而另一些则具备更多的选择权。这使得它们拥有更强的能力去学习、适应和教导后代。虽然行为的改变可能会导致进化，但对于那些在行为方面更具灵活性的物种来说，遗传进化的压力可能并没有那么大。

有时，看似是进化的过程实际上并非如此。让我们看一下在摩天大楼上筑巢并捕食鸽子的红尾鵟、美洲隼或游隼。相较于乡村地区的同类，这些城市中的猛禽或许正在发生一些变化，但在建筑物上筑巢和在公园里捕食本身可能并不是进化的证据。一些建筑物在高度和外立面等特征上与猛禽天然栖息的悬崖相似，而鸽子则是鸟类和小型啮齿类的完美替代品。这些猛禽所要做的就是把自己熟练的老技能在一个新场所使用罢了。植物也是如此。例如，一些植物已经通过进化具备了在含有天然重金属的土壤中生长的能力，它们可能会在受到有毒元素污染的城市土壤中茁壮成长。我们很容易把这些看作对新生态系统的适应，但它们实际上只是已有技能的转移和幸运女神的眷顾。

　　本书中描述的几种动物是聪明的、社会性的、寿命较长的杂食性动物，它们还具备丰富的生存技能。但其中一些也可能正在经历人为诱导的快速进化。新泽西州的黑熊冬眠时长可能要比它们的野外同类短。美国东北部城市地区的白尾鹿已经改变了自身的饮食习惯，它们在公园和居民后院内啃食着各式各样的植物。栖身于芝加哥等大城市的郊狼比附近森林中的同类更喜欢在夜间活动。2021年的一项研究表明，许多生活在北美城市地区的哺乳动物正变得越来越大。在上述情况中，这些城市地区的野生动物很可能正在经历进化。

　　然而，进化是否能够成为全球范围内生物多样性危机的解决方案呢？关于城市环境中的进化，或许没有人比荷兰生物学家门诺·希尔特豪森（Menno Schilthuizen）拥有更多的见解。在 2018 年出版的著作《当达尔文来到城市》中，希尔特豪森将人为诱导的快速进化描绘为自然的奇迹和潜在的救世主。他写道："我们应该尽可能多地保护野生区域，但是，如果没有全球性的灾难或强制性的生育控制，人类将在本世纪结束前用城市毁灭地球。"由于生存的斗争会使许多物种败下阵来，那些幸存下来的物种值得我们尊敬。尽管我们正在造成许多破坏，但希尔特豪森和其他一些人呼吁我们采取长远的眼光。大自然拥有自我调整、适应和愈合的能力。与其因为我们所失去的感到惋惜，不如热爱我们所拥有的。

　　抱有希望并没有错，但这种过于乐观的观点可能会蒙蔽我们的双眼，导致我们无法正确看待一些更可怕的真相：进化纵然神奇，但它却无法弥补生物多样性上的损失。原因很简单，那就是时间。尽管快速进化有许多令人印象深刻的案例，但对于人类来说，导致一个物种灭绝远比帮助培育一个更新、适应性更强的物种要容易得多。有人相信，基因工程将解决时间的问题，进而使人类更积极地引导生物的进化并造福各方。然而，我们似乎更擅长于创造奇特的新生命形式，而非培育出适应实际生态系统的生命体。每一个像伦敦地铁站里的蚊子这样的新物种，背后都站着其他成千上万个濒临灭绝的物种。倘若人类继续沿着当前的轨迹前进，物种灭绝的速度将远远超过进化适应的速度，而生物的多样性也将日益匮乏。

　　进化乐观主义思想中的另一大观点也值得我们深思：那些对进化抱有信仰的作者往往将生态学与经济学混为一谈。美国人以及许多荷兰人，尤其喜欢听关于通过努力工作和击败竞争对手来取得巨大成就的故事。但是，当我们对进化坚信不疑时，我们就会将一套特定的人类思想投射到动物身上。那些能够适应现代世界的物种被视为理应成功的"佼佼者"，而那些未能适应的物种则是不幸的、适应力差的、天赋平平的"失败者"。这一逻辑可能对某些人有吸引力，但它并不建立在生态学或进化生物学的基础上，甚至还在许多方面与事实相悖。对于那些坚持从经济角度来看待这些问题的人来说，一种更好的逻辑方式是以类似于荷兰人对待他们精心维护的物质基础设施和严密编织的社会安全网的社会经济学的方式来思考生态学领域的生物保护问题。

通常情况下，在资本主义的措辞中，所谓的"优点"实际上往往涉及权力。我们可以想当然地认为，通过淘汰无法适应现代世界的物种，我们是在为大自然做贡献，但实际上我们只是在偏袒受益者而忽略了受害者。在城市环境中表现不佳的物种很可能无法适应这些新型的生态系统。另一方面，在城市环境中表现优良的物种也可能变得更适合在那里生活。当这些具备超强适应能力的新型"城市开拓者"如寡头般"垄断"了生态系统，生物多样性将减少。读到这里，你们就会明白我对乌鸦、鸽子和老鼠没有任何偏见。我钦佩它们，并相信我们可以从它们身上学到很多东西。但是，我也认为一个只剩这些动物作为野生动物的世界是我们任何人都不想要的未来。

家麻雀数量的减少仍然是一个未解之谜，有几个因素可能导致了这一后果。1918 年颁布的《候鸟协定法案》将饲养大多数鸣禽视为非法行为。这项政策的初衷是正确的，效果也是积极的，但也带来了一些意想不到的后果。当时，家朱雀是备受欢迎的宠物。这是一种原产于美国西南部和太平洋沿岸的小鸟，有着厚厚的喙、粉红色的脑袋以及色彩斑斓的羽毛。在 20 世纪 30 年代和 40 年代，纽约等城市开始积极地执行该法案，这导致许多主人将宠物鸟放生到附近的公园。家朱雀并不像家麻雀那样适应城市环境，但正如它们的名字所暗示的，它们在人类周边通常也过得还不错。

在 20 世纪 60 年代之前，家朱雀的种群数量似乎一直都很少。60 年代，市郊的扩张为家朱雀开辟了新的栖息地。相关研究很快发现，在这些新的地区，它们的数量超过了家麻雀。然而，在 20 世纪 90 年代，美国东海岸地区至少有 1 亿只家朱雀因为细菌感染而死亡，这种感染可引起鼻窦炎、结膜炎和呼吸道疾病，家麻雀也由此得到了短暂的喘息机会。不过没多久，家朱雀便从这场浩劫中恢复了过来。如今，在美国东海岸至西海岸的广袤土地上都能看到家朱雀的身影，其在北美大陆的数量预计已经达到了 14 亿只。

早在 20 世纪 20 年代，城市中马匹数量的减少和农场中谷物储藏条件的改善可能已经限制了家麻雀获得食物的机会，进而加剧了它们的困境。空气污染、现代建筑上有限的筑巢空间以及猫和猛禽等天敌对它们的捕食也可能是造成家麻雀困境的重要原因。此外，由于家麻雀既吃昆虫又吃种子，而昆虫的减少也可能是一个关键的因素。

在短期内，家麻雀不太可能从地球上消失。自上一个冰河时期结束以来，它们就一直在全球各地陪伴我们左右。它们拥有在城市环境中获得优势的特质，也具备出色的适应能力，并且在许多城市中仍十分常见。然而，它们的未来仍充满变数。人类所主导的环境还在不断变化，新的威胁显现，旧的资源消失。由于许多爱鸟人士仍将家麻雀视为害虫或入侵者，"麻雀战争"仍在继续，不过现在更多是以冷战的形式出现。不过，即使是批评者，或许也不得不承认这是一种了不起的小鸟。它们坚韧、灵活、无所畏惧，但却并非不可战胜。

第十四章

——

拥抱城中野性

——

20世纪80年代初，一头名为"赫什尔"的海狮（或者更确切地说，是一群年轻的雄性加州海狮，顽皮的当地人将它们集体称之为"赫什尔"）开始在位于西雅图市巴拉德街区的华盛顿湖运河上的希拉姆·M·奇滕登水闸附近出没。西雅图是一个以自由和户外运动而闻名的城市，人们本以为一群嬉闹的海狮可以在这里找到安全的港湾，然而它们却引发了一场长达数十年的纷争，一场令州与州之间、机构与机构之间、保护主义者与保护主义者之间、物种与物种之间互相对抗的纷争。到了20世纪90年代中期，即使是最热情的支持者也认为巴拉德的海狮已经不再受欢迎了。

　　加州海狮以鱿鱼、鱼类和贝壳类为食。华盛顿湖运河里可能没有多少鱿鱼或贝类，但鲑鱼每年都会因为产卵而洄游经过。当鱼到达水闸时，它们会进入一个鱼梯。这是一个由21片小水池所组成的阶梯，每个水池都比下面的水池高出约1英尺。鱼儿会像在溪流中一样，从一个水池跃入另一个水池，直到最后抵达水闸的内陆一侧。完成这个过程第一步，是必须进入鱼梯，在鱼梯底部，水流变缓，鱼儿此时将调整方向，准备迎接淡水的冲击也等待适合的时机进入鱼梯。而恰恰就是在这里，它们很容易被捕食。

　　赫什尔很快就意识到了这一点。海狮非常聪明，这一特质使得它们可以在多样化的海洋栖息地中生存。在人工饲养的环境中，它们可以学会跳圈以及用鼻子顶球，因此像西雅图等城市的水道显然也难不倒它们。优势雄性个体可以长到约500千克，统治着体形仅为它们四分之一至三分之一的雌性"后宫"。体形较小的雄性通常会组成自己的群体，然后季节性地从加州和墨西哥的栖息地迁徙至像皮吉特湾这样富饶的觅食地。

当欧洲人最初抵达太平洋沿岸时，加州海狮的数量曾高达数十万头。到了1900年，捕猎活动使它们的分布仅限于少数偏远地区，数量也锐减到只有1万头左右。1911年颁布的《海狗条约》缓解了这一物种所面临的压力，而1972年出台的《海洋哺乳动物保护法》则起到了更好的保护效果。到了2012年左右，它们的数量在150多年内首次突破了30万头，成为海狮科下14个成员中数量最多的物种。当赫什尔于20世纪80年代来到西雅图时，海狮种群的恢复已经呈现出积极的趋势。

巴拉德水闸是历时40年的城市水路改造工程的核心。在1917年竣工之前，位于西雅图西北侧的萨门湾缺乏一条连接联合湖和华盛顿湖的通道，联合湖和华盛顿湖是西雅图两大重要的淡水资源。早在1854年，托马斯·默瑟（Thomas Mercer）就提议修建一条连接湖泊的通道，然而该项目直到1883年才正式动工。1906年，美国陆军工程兵团的地区负责人希拉姆·奇滕登（Hiram Chittenden）接管了这个备受争议的项目。当时，许多当地人认为该工程设计不佳、管理不善以及成本过于高昂。

10年后，当水闸最终竣工时，华盛顿湖的水位下降了2.74米，而水闸内陆一侧运河的水位则平均上升了4.88米，与联合湖的水位持平。水闸可以确保船只通过运河往返于湾区和淡水水体，而一旁的鱼梯则为洄游的鱼类提供了同样的便利。

硬头鳟和加州海狮一样，都是皮吉特湾的原生物种。硬头鳟是鲑鱼家族的一员，与虹鳟实际上是同一物种。不同的是，虹鳟一生

　　　　　　　　　　　城中自然｜偶然的生态系统

都生活在淡水中，而硬头鳟则会从淡水迁徙至海水中。在海洋中生存两到三年后，硬头鳟会返回出生时的溪流，与它们的"表亲"虹鳟一起产卵。然而，历史对虹鳟的眷顾要远胜于硬头鳟。自19世纪末以来，渔场繁育了数以百万计的虹鳟，它们被投放到各大洲的河流及湖泊中，成为世界上分布最广泛的脊椎动物之一。相比之下，硬头鳟的洄游受阻于大坝及河流改道，这导致它们在大多数分布区域内数量锐减。如今，在从圣地亚哥到西雅图的整个西海岸，硬头鳟都被列为受威胁甚至濒危物种。

1976年，美国陆军工程兵团翻新了巴拉德水闸的鱼梯。10年间，每年有多达3000条硬头鳟通过鱼梯洄游产卵。成千上万的游客涌入水闸内部，透过水下窗户观赏硬头鳟及其近亲银鲑和帝王鲑逆流而上，游向华盛顿湖。与此同时，科学家、渔民和野生动物保护者们也宣布本地鱼类的保护工作取得了罕见的成功。然而，好景不长。在1993年至1994年的洄游季，由于赫什尔在水闸底部大快朵颐，生物学家仅统计到了76条途经的硬头鳟。

这一刻，长期积累的矛盾终于爆发。西雅图的报纸给巴拉德的海狮贴上了"吃白食者"的标签，而太平洋沿岸渔民协会则将它们称为一伙"强盗"。在国家政治聚焦于移民、福利改革、帮派暴力和严厉执法的年代，这些都是生动的指控。海狮名字中的"加州"一词也给它们打上了入侵者的烙印。20世纪90年代初是加州的艰难时期，该州经历了严重的经济衰退、社会动荡、奥克兰山大火以及北岭大地震。数以万计的居民收拾行囊背井离乡，人们担心这些人会将加州在交通、污染和高昂的住房成本等问题带到华盛顿等邻近的州。人们对加州人的嫌弃甚至延伸到了野生动物身上。没过多久，要求将巴拉德的海狮送回"属于它们的地方（加州）"的呼声愈发高涨。有些言论甚至更为过激。

1972 年出台的《海洋哺乳动物保护法》只允许在特殊情况下对受保护的物种采取灭杀手段。然而，当美国国会于 1994 年重新授权该项法案时，华盛顿州代表的一项提议也被纳入其中。根据新的法案，当海洋哺乳动物威胁到其他受保护物种时，野生动物官员被赋予了更大的自由度可对其实施捕杀。巴拉德的海狮顿时成了众矢之的。

不过，动物福利和环保组织不会袖手旁观。他们认为，硬头鳟之所以遭受重创并不是因为海狮，而是因为栖息地遭到破坏以及人类管理不善。海洋哺乳动物保护者威尔·安德森（Will Anderson）和托尼·弗罗霍夫（Toni Frohoff）指出，减少肉食动物的数量有利于被捕食动物的长期生存这一观点几乎没有科学支撑，而长满藤壶的水闸本身就会对鱼类造成伤害，其锋利的切口会导致鱼儿在通过时受伤甚至死亡。他俩写道："是时候正视并解决这一问题了，其实渔业衰退的真正罪魁祸首是我们自己。"

事实上，野生动物官员多年来一直在试图阻止赫什尔，而不是消灭它。1989 年，他们对 39 头巴拉德的海狮实施麻醉并逐一进行了标记。虽然其中两头不幸死亡，但另外 37 头被成功转移到了南方近 500 千米处。然而，在不到 1 周的时间内，其中 29 头悉数返回。水下爆炸物和 200 分贝的声学屏障也未能阻止它们，用涂有酸味化学物质的鱼作为诱饵来驱离海狮同样无济于事。当官员们提议使用橡皮子弹时，他们甚至收到了死亡威胁。加州海岸委员会拒绝了将海狮转移到圣巴巴拉群岛的建议。西雅图一家广播电台则将整起事件打造成媒体宣传的噱头，他们将一条名为"假威利"（根据1993年上映的电影《人鱼童话》中的主角虎鲸威利而命名）的仿真鲸鱼放入萨门湾。1995年，官员们捕获了一头名叫"洪多"的重达400多千克的公海狮。由于洪多被认为是众多麻烦制造者中"罪行"最为恶劣的，官员们打算将其关押到硬头鳟的产卵季结束。然而，洪多成功越狱，"潜逃"了8000米后才被当局再次逮捕。

情况并不乐观。

1996年，华盛顿州与美国国家海洋和大气管理局同奥兰多海洋世界达成协议，计划将洪多及它的两名"同谋"大弗兰克和鲍勃转移到奥兰多，并将它们圈养在该公园的展示区内。官员们很快捕获了它们，随后将它们运送到一家位于塔科马的水族馆进行体检和隔离，一切准备就绪后，又通过联邦快递将它们送到了佛罗里达。7月4日独立日当天，3头海狮首次跃入了展示区占地8000平方米的海水池中。"我倾向于认为它们会感到满足"，海洋世界运营副总裁布拉德·安德鲁斯（Brad Andrews）说，"这总比被射杀要好。"

在短短两个月内，洪多便因一种先前未被诊断出的感染而不幸离世。由于洪多在塔科马时的体检并未发现任何病征，兽医认为它很可能是在运输途中或在佛罗里达感染了疾病。随着麻烦制造者们的离开，一些旁观者开始欢庆胜利，环境新闻网甚至宣称西雅图的海狮问题已经得到解决。然而，这是一场代价极大的胜利。今天，成千上万的银鲑、帝王鲑和红鲑仍在运河中洄游，但在洪多去世25

年后，每年仅有几十条硬头鳟能够顺利抵达华盛顿湖。

出于各种原因，野生动物们进入城市地区。既然有如此数量庞大的野生动物涌入城市，我们所面临的挑战就是如何才能实现共存。拥挤的城市里，很容易踩到别人的脚，或者就巴拉德的海狮而言，很容易吃掉别人的鱼。西雅图的海狮困局有其特殊性，但它同本书中其他故事一样，都反映了共存所遇到的困难，这些困难如今已是普遍存在。我们真正期盼的城市生态系统是什么样子？在 21 世纪的城市中，如何才能实现人类与野生动物的和谐共处？

除技术类的科学文献之外，大多数写过城市野生动物题材的作者通常在这些问题上分为两大阵营。对于那些选择以《自然的战争》和《花园中的野兽》等充满威胁性和戏剧性字眼作为书名的作者来说，共存是郊区富人的特权，这些权贵对大自然知之甚少，也不了解实现这一切背后所要付出的艰辛。另一些作品的书名则要轻松愉快得多，甚至还有点儿异想天开，如《未察觉的世界》和《城市动物寓言》。对于这些作者来说，城市已经是共存的场所；我们只需睁开眼睛就可以看到无数物种在共享的栖息地中繁衍生息。

事实上，与野生动物共存如同任何关系一样，是一项艰苦的工作，需要倾注时间、金钱、汗水、条理、知识、耐心、远见和坚持。这并非幻想。在美国各地，无论是大城市还是小城镇，无论是自由主义还是保守主义盛行的地区，公共机构、私人组织以及民间团体都在已有的基础上，不断吸取经验教训并再接再厉。他们的目标是培育多元化、多物种的社区，让大多数野生动物都能在这样的社区中生存，而不会因为自己的天性遭到人类的伤害。固然其中一些动物会引发问题，但更多时候，它们将教育和启发人类。如果一切顺利，它们还会无视我们这些人类邻居。即使是最富裕、最具雄心和远见的美国城市，也还有很长的路要走。但或许有一天，我们会像现在赞赏那些致力于创建公园、拯救物种和通过具有里程碑意义的环保法律的人们一样，赞赏那些正在努力搭建野生动物友好型城市的人。我们甚至会最终认识到城市是意想不到的方舟：在生物大规模灭绝的时代，城市是生物多样性最后的庇护所。

引诱野生动物进入城市地区通常并非明智之举，然而，正如我们所见，那些与我们共处的野生动物能给我们带来诸多益处。它们教育我们，激发我们的想象力，保护我们免受新兴疾病的侵害并向我们发出预警，迫使我们正视那些破坏我们栖息地的行为，并激励我们变得更加灵活、包容和富有同情心。看到野生动物身上的优点并努力与之共存，即使是有时令我们讨厌的动物，其实也是看到人类自身的美好。致力于与野生动物和谐共处将引领我们迈向更加公正、人道和绿色的未来。对野生动物更友好的城市往往也更友好于人类。

但是，如果城市希望更加友好于野生动物，那么就会面临一系列严峻的挑战。首当其冲的便是经济地理学中的一个基本事实：随着时间的推移，城市及其周边的土地通常会变得更为稀缺、昂贵，也更具开发价值。在美国，这导致了两种相互对立的趋势。自20世纪70年代以来，城市已斥资数十亿美元购买、恢复或重新规划了数十万英亩的公园和其他类型的开放空间，这使人类和野生动物双双受益。与此同时，建筑业也吞噬了大片的绿地。相比于杂乱的灌木绿篱和空地，大多数人可能更喜欢精心维护的公园，只是野生动物是否也有相同的喜好，这一点我们尚不得而知。

野生动物保护者面临的另一个挑战来自庞杂的法律、机构和利益相关者，他们在地方规划决策中皆有发言权。城市的一项溪流恢复项目可能需要获得十多个部门的批准。即使在同一个城市内，不同机构的工作也经常相互冲突，例如，一名线路工人被派去砍伐一棵由城市绿化部门栽种的树木。由于大部分土地的使用规划由县一级负责，因此县级政府是推进野生动物相关工作的最重要主体之一。然而，由于县委员会肩负着包括批准经济适用房、处理危险废弃物和缓解交通拥堵等在内的各项任务，所以可能会对将稀缺资源用于与野生动物相关的项目持反对意见。在这种情况下，地方的基层组织能否将自己的工作与来自州政府和联邦政府的法律命令和财政激励措施相结合，就显得十分关键了。

尽管这些基层组织非常重要，但一线城市的野生动物保护人士却面临着结构性的劣势。在乡村地区，进入公共土地以及购买狩猎或捕鱼许可证的费用可用于支持保护工作。然而，在城市中，狩猎通常是违法的，捕鱼也不被提倡，大多数公园又不收取门票费，野生动物因此缺乏明确的收入来源和付费群体。户外产业协会所代表的装备制造商，长期以来一直抵制对其销售征收小额税款。这部分税收将用于支持公共部门的保护项目，比如投入城市及其周边地区那些高人气的户外休闲区，而户外装备企业正是从这些场所牟利的最主要团体之一。未来，城市野生动物的保护将需要更大规模和更稳定的资金来源，以及将自己视为社区生态健康投资者的纳税群体。

尽管存在这些挑战，但有几个趋势或使美国城市中的野生动物拥有一个光明的未来。首先，我们仍在不断深入了解城市生态系统以及与我们共同生活在其中的动物。每隔一段时间，有关城市中野生动物的科学发现就会成为头条新闻，例如在 2012 年，生物学家在距离纽约自由女神像 10 多千米的地方发现了一种新的蛙类。此类故事既令人震惊又鼓舞人心，但事实上，大多数城市生态学研究并不会带来重大发现。它们所产生的是有助于我们了解城市自然的基础数据和微小见解。然而，这些微小见解却有着极其重要的意义，因为我们对与我们共享栖息地的动物了解得越多，我们与它们和谐共存的机会就越大。

随着研究工作的蓬勃发展，教育和推广工作也如雨后春笋般兴起。如今，在美国的每个大城市和许多小城市，都有动物园、学校和博物馆等各类机构开展面向社区居民的本地动物科普活动。在纽约市，公园与娱乐管理局率先开展了野外实地讲解项目和精心策划的广告宣传活动。林肯公园动物园的城市野生动物研究所已经使芝加哥成为将研究与推广相结合的典范。在南加州，国家公园管理局、洛杉矶县自然博物馆、国家野生动物联合会及其他一些组织成功举办了一系列公众科普、主题日和展览活动，受众人数达到了10 万人次。

城市规划人员也开始更加重视野生动物。他们发现，这样做的一大理由是保护和恢复栖息地往往会促进其他目标的实现。保留栖息地可以创造供居民使用和休闲的开放空间，从而促进公共健康并提升生活质量。植树可以吸引来鸟类、昆虫和小型哺乳动物，同时还能缓解因气候变化而加剧的城市热岛效应。恢复城市溪流可以改善水质、补充地下水，还能为建设新的滨水公园提供空间并降低洪涝灾害的风险。在城市边缘培育健康、管理得当的森林体系有助于防止火灾从野外蔓延至城市。而栽种原生或适应当地气候的植被不仅可以使依赖它们的物种受益，还能为像拉斯维加斯这样的干旱城市节省下数十亿加仑的水。随着这些举措的实施，对于城市而言，野生动物友好型栖息地将不再只是便利设施：它们是某种形式的"生态基础设施"，如果设计和维护得当，其带来的好处往往远超成本。

　　其他创新性的工作已经不仅限于保护土地或水域的范畴，而是关注起城市栖息地中被忽视但对野生动物至关重要的特征。举例来说，亚利桑那州的弗拉格斯塔夫市在 2001 年成为全球首个"国际黑暗天空社区"。该市因致力于为鸟类、蝙蝠、昆虫以及人类提供无遮挡的空域视野而广受认可。弗拉格斯塔夫率先制订了设计规范和相关计划，在保障公共安全和减少能源消耗的同时减少向上的光污染。弗拉格斯塔夫可能是一个特例，因为它坐落在海拔 2000 多米的高地上，但其他许多城市也纷纷效仿。2021 年，低海拔地区的费城推出了一个自愿项目：在鸟类春秋迁徙季，高楼大厦将在午夜后调暗各自外墙的灯光。这项举措部分缘于 2020 年 10 月 2 日晚发生的一起可怕而又常见的悲剧。当晚，约有 1500 只鸟类撞击了该市那些最高和最明亮的建筑物。次日清晨，费城市中心的街道上散落着死去和受伤的鸟类，这引发了公众的强烈抗议，政府也不得不在政策上做出回应。诸如此类的事件提醒我们，城市环境通过空气、水和途经的动物与更为自然的栖息地紧密相连。

保护和恢复城市栖息地显然是值得投资的，至关重要的一点是确保不同的社会人群都能受益，同时不让无力承担的弱势群体来承担成本。白人和富人往往居住在更健康、更清洁和更绿意盎然的社区，这一现象在城市生态学上被称为"奢侈效应"。他们所面临的包括工业污染在内的环境问题也较少。人们可能会认为处于劣势地位的社区也会希望拥有相同的条件。然而，实际情况却并非总是如此。"生态绅士化"一词指的是环境改善往往会增加居住成本，使常住居民的生活更加艰难，甚至被迫搬走。由于公园和树木有时与高档咖啡厅和精品杂货店一样被视为奢侈的存在，所以许多劣势社区中的居民现在更希望拥有一个"适度绿色"的居住环境：一个既不会毒害，也不会驱逐他们的社区。对于政策制定者来说，他们所面临的挑战是在提供安全和健康环境的同时降低生活的成本。

打造这样的空间需要足够的领导力和协调能力。尽管并非经济适用性的典范，但科罗拉多州的博尔德市率先在野生动物、栖息地和开放空间等方面实施了一系列雄心勃勃的计划，这使它成为美国最具吸引力的小型城市之一。同美国许多城市一样，博尔德也处于生态资源的聚集地之上，其西部是绵延起伏的落基山脉，东部则是广袤的大平原。20 世纪 70 年代，该市开始对一系列具有不同社会和生态价值的场所进行保护。同时，博尔德还致力于维护这些场所之间的联系，例如，确保猛禽既有山林中的栖息地又有邻近草原上的狩猎场。由于穿越市区的博尔德溪很容易引发洪涝灾害，企业和基础设施在规划时都被放在了远离河岸的区域，近河地带则留给了一系列非常适合夏日亲水的市区公园。通过数十年持续的政治引导以及众多机构的协调努力，博尔德成功实现了这些目标。这说明，即使对于资源较少的城市来说，以上做法也并非遥不可及。

即使在资源丰富、治理良好的城市，涉及人们的生计时，做出改变也是十分艰难的。然而，城市、县和州必须以大局为重，并在制定城市野生动物管理目标和标准方面发挥更大的主导作用，包括更好地监管有害生物防治产业。许多城市都设有动物管控单位，另一些城市则与州或联邦机构签订了与动物相关的服务合同。然而，纵观历史，美国城市将许多对于野生动物的管理责任都外包给了私营公司。在几乎没有监管的情况下，这些公司将野生动物管理转变为一门生意。有害生物防治公司确实可以发挥作用，但它们的工作应该以科学为支撑，同时受到更好的监管并与社区在环境方面所设定的标准和目标相一致。灭杀几乎不构成威胁的健康动物应该是最后的手段，而且无论如何不应该成为商业计划或服务产业的基础。

我第一次造访巴拉德水闸，是在 2017 年 7 月一个炎热的周六下午，当时正值该设施的百年庆典。一路上，我先是穿过了一场响彻雷鬼音乐的街头庆典，然后路过了满是老式建筑的时尚街区，最后又通过了无穷无尽的瑜伽馆、咖啡厅及精酿酒吧。由于途中多次停留，所以行程时间比预计的要长。抵达水闸旁的小卡尔·S·英格利什植物园时已是下午。小卡尔·S·英格利什（Carl S. English Jr.）是一名植物学家和园艺学家，同时发现并描述过 3 个植物新种。他为陆军工程兵团设计了这片区域，并在 1931 年至 1974 年期间负责该地的管理。如今，这片 28000 多平方米的林荫花园里生长着来自世界各地的约 500 种和 1500 个品系的植物。谁能料想到棕榈树竟然能在西雅图存活呢？

尽管有着充满异国情调的植物，但这个花园中最受欢迎的景点还是位于其南侧的水闸。在我参观的那天，水闸周围挤满了前来观看注水和排水过程的游客，他们不时地凝视着途经的游艇上那些喝着鸡尾酒的日光浴者。

游客们来到这里也是为了赏鱼。一系列金属步道将花园与水闸的南侧相连，游客可以在那里了解整个工程的优点，也可以俯瞰下方的水池或进入水闸内部。在室内，厚厚的窗户将鱼梯变成了一个水族馆，毫无疑问，鱼梯的水池中挤满了鱼，但硬头鳟却未在其中。水池中的鱼大部分可能是红鲑，这些鱼大约于 5 年前在上游 100 千米左右处的孵化场降生。它们是一个庞大的人工系统的产物，既工业化又生态化。但它们仍然是鱼，你不得不佩服它们的专注和毅力。

当我从水闸那洞穴般的内部走出，沐浴在炽热的午后阳光下时，一块解说标牌引起了我的注意。该标牌先是介绍了海狮和海豹的区别，底部的文本框随后问道："您听说过赫什尔吗？"标牌解释说，赫什尔是一头重达 360 多千克的海狮，在 20 世纪 80 年代，它学会了每年在硬头鳟的迁徙季来到水闸守株待兔。尽管华盛顿州的鱼类及野生动物管理局采取了一系列阻吓措施，但其他海狮们仍纷纷效仿，前来捕食。最后，标牌冷冷地写道："赫什尔及其伙伴被指责为导致该流域硬头鳟数量锐减的罪魁祸首，此事引起了巨大的争议。"

在讲述这个故事时，陆军工程兵团几乎省略了所有有趣的部分，所叙述的内容也是错误百出，例如，从严格意义上来讲，华盛顿湖运河甚至不能算作一个流域，最后得出的结论也充满了误导性。这是一个好故事，但讲述得着实很差。我想，也许是时候讲述更新、更好的故事了。

然而，我还是太过乐观了。

自 20 世纪 70 年代以来，美国西北太平洋地区的鲑鱼种群已经崩溃。包括修筑大坝、环境污染、农业发展、滥砍滥伐、过度捕捞和气候变化在内的各种因素从单独的角度来看或许并不足以构成系统性的伤害，但它们相互叠加后却酿成了一场巨大的危机，其破坏力波及城市、小型沿海社区、原住民群体、各类物种以及遥远的生态系统。由于最终到达海洋的鲑鱼数量太少，像皮吉特湾的虎鲸等海洋捕食者正在失去它们的传统食物来源。与此同时，由于最终到达上游产卵地的鲑鱼数量太少，位于大陆内部深处的生态系统也正在被剥夺来自海洋的重要养分。

在应对这些问题时，联邦机构往往是治标不治本，其中一种解决方案是，杀死成千上万的野生鸟类和海洋哺乳动物以保护大部分由养殖场所培育的鱼类。2015 年至 2017 年期间，陆军工程兵团摧毁了世界上最大的角鸬鹚聚集地，他们至少清除了 6181 个鸟巢，据报道，他们杀死了 5576 只角鸬鹚，而这些海鸟所面临的"指控"仅是在波特兰以西的哥伦比亚河上大肆捕食鲑鱼。这一行动意外导致了该群落的灭亡。2020 年，在美国国家海洋和大气管理局的批准之下，相关人员以相同的"罪名"在同一流域捕杀了多达 716 头海狮。与此同时，在巴拉德水闸，官员们正在测试新一代的噪声驱赶仪，

　　　　　　　　　　　城中自然 | 偶然的生态系统

这是他们第 N 次试图吓退饥饿的捕食者。只是这一次，目标换成了海豹。

赫什尔的故事已经过去快 40 年了，可情况依然不容乐观。

这种复杂的局面并没有简单的解决方案，但我们的集体反应却可以被视为反面教材。工程师们设下了一个能够引来海狮等动物的陷阱，然后又在它们上钩时对它们加以惩罚。激进分子和记者一边将一些物种妖魔化，一边又对另一些物种大加赞赏。官员们遵循了法律的字面含义，却违背了法律的精神。立法者们对于已经过时的法律熟视无睹，之所以无动于衷并不是因为修改它们是错误的，而是因为修改它们将困难重重。政治家们则习惯性地缺席，烫手的决策权被转嫁给了无能为力的专家小组、恼羞成怒的法官和士气低落的管理者，他们被迫杀死一些动物来保护另一些动物。在这种领导和道德缺位的环境中，各机构奉行有限的、利己的政策，而不是朝着更远大的目标共同努力。自始至终，我们都未能解决导致局面日益恶化的本质问题。这一切丝毫没有共存的影子，而更像是一团乱麻。

卡尔·马克思曾指出：人们创造自己的历史，但是他们并不是随心所欲地创造。马克思指的是历史对当前事件的影响。然而，对于城市生态系统，乃至对于被称为"人类世"的全球生态破坏时代，类似的观点也同样适用。虽然人类可以改变自然，但我们却并不具备完全掌控它的能力。不过，这并不意味着我们不能更有意识地与自然进行互动，培育它并规划我们共同的未来。无论是在城市还是在其他任何地方，如果我们固守旧的方法，试图主宰、制造和微观管理大自然，或者继续尝试用被动应付的办法来解决系统性问题，那么我们将永远无法实现人类与野生动物的和谐共存。共存是关怀，而不是控制。共存是互惠，而不是惩罚。共存是创造一个共同繁荣的环境，同时谦虚地认识到事情的发展并不总如我们所料。

我们必须首先问一问自己，我们究竟希望从城市生态系统和与我们共同生活在其中的动物身上得到什么。尽管本书叙述了漫长的历史，但这个最关键的问题却很少被提及。然而，只有回答了这个问题，我们才能从城市野生动物发展史的偶然时代迈向更有意识的时代。这个故事尚未结束。尽管野生动物重返了美国城市，但这并不意味着它们会永远停留。我们已经走了很长的路，但前方的路依然漫长。

尾声

失去与复得

杨·马特尔（Yann Martel）在《少年派的奇幻漂流》写道：如果你把这座城市倒过来抖一抖，掉出来的动物会让你大吃一惊。我告诉你倾泻而下的可不只是猫和狗。红尾蚺、科莫多巨蜥、鳄鱼、食人鱼、鸵鸟、狼、猞猁、沙袋鼠、海牛、豪猪、猩猩、野猪——多得会像落到你雨伞上面的雨。

2020年3月，为了应对不断蔓延的新冠疫情，公共卫生政策迫使全球数亿人待在家中。那些日子对大多数当事人来说都是刻骨铭心的。当封控来临之际，我正在为本书的最后章节努力。关于那段时间，有一件事我将永生难忘：在那令人困惑的瞬间，世界曾短暂地将注意力投向城市中的野生动物。

街道宁静而空荡，挤在屋内的城市居民看着野生动物在窗外肆意游荡。社交媒体上发布的图片和视频显示，火烈鸟、野猪、美洲狮、郊狼、山羊以及猕猴等动物徘徊在荒凉的街区，而就在一两周前，这些地方还是车水马龙、行人如织。世界各地的新闻媒体纷纷惊呼：野生动物正在"夺回"城市。用杨·马特尔的话来说，仿佛全球各地的城市都被倒过来抖了一抖，下起了动物雨。

其中一些故事和图片，包括一经发布便名声大噪的瓶鼻海豚在洛杉矶清澈的威尼斯运河中嬉戏的照片，事后都被证实是虚假的。几十年来，《没有我们的世界》等畅销书和《十二猴子》《我是传奇》等影片让人们相信，大自然将在人类社会灭亡后迅速接管整个世界。如此多的人承受着如此巨大的压力，难怪我们中的许多人会那么容易就上当。

不过，还有更多的报告和图像是真实的。当感受到人类的消失，而且在许多情况下随之一起消失的还有人类所提供的资源，野生动物的确一反常态地大胆现身了。生物学家仍在试图理解这一宏大但非计划性的实验在动物行为和生态系统方面给了我们什么样的启示。我们可以肯定的是，许多城市在 2020 年春季出现的这场动物"现身潮"，与其说是新冠疫情引起的，不如说是过去一个世纪里城市中野生动物数量增长的结果。

几周后，我收到了一条来自朋友的短信。"到海岸线公园来，"她写道，"我发现了一些你要看的东西。"当时我正在家中，情绪低落。这是我自封控以来的第一次外出，一场在洛斯帕德雷斯国家森林公园的徒步旅行，以后背受伤和自尊心受损告终。我的朋友向我保证，她所发现的东西会让我的情绪好转。"我在海滩旁的野餐桌附近，"她说，"快过来。"

一个小时后，我们站在离沙滩仅几英尺远的一片棕色草地上，旁边是一棵棕榈树，树底下杂乱生长着灌木丛。当时天气异常闷热，即使隔着口罩，我都能闻到远处停车场厕所的难闻味道。我的情绪并未有所提振。

"往灌木丛里看。"我的朋友说。我弯下腰，发出一声呻吟。什么也没有。"再找找。"她说。仍然什么也没有。"再找找。"然后，它便映入我的眼帘。我俯身轻轻地捧起了这个我所见过的最美的东西。我曾读过许多关于它们的描述。然而，当它们被我捧在掌心时，我意识到我并没有真正理解之前读到的内容，它的意义，它给人的感觉。

我捧在手中的是一个普通的杯状鸟巢，是旅鸫、莺或蜂鸟每年春天筑造的那种。它似乎是从那棵棕榈树上掉下来的，它与我在野外指南手册中或在洛斯帕德雷斯国家森林公园实地看到的鸟巢不同。我所阅读过的关于它们的科学文献，无法充分展现这一"现代建筑"的耀眼之美。

第二天，我坐在餐桌前，开始分析鸟巢的建筑材料。其中有意大利石松的针叶、加那利海枣的树干纤维、澳大利亚桉树的枝条，以及来自欧洲和亚洲的地衣、羽毛、草。还有棕色的羊毛、蓝色的绳子以及紫色、橙色、黄色、白色和黑色的纱线。我发现了餐巾纸和纸巾的碎片，还有几个烟头，它们具有抗菌特性，有助于抑制寄生虫。还有铝箔和一块灰色缝合尼龙布，看起来曾经是帐篷的一部分。还有吸管外包装，既有纸制的、也有塑料的，以及枕头的合成填充物。金属彩条是个不错的点缀。

当我最终恍然大悟时，我很庆幸自己当时正坐着。眼前华丽的鸟巢——这个摇篮形状的后现代拼贴艺术品——比我近5年一直在写的那本书更生动地诉说了城市生态系统和野生动物的故事。没错，就是这本书。

从鸟巢的大小、形状和位置来看，筑巢者很可能是一只旅鸫。旅鸫是北美第四大常见鸟类，仅次于红翅黑鹂、紫翅椋鸟和家朱雀。由于以多样化的杂食为生，旅鸫几乎可以栖息在任何有树林和田野的地区，加之其似乎并不排斥人类，所以十分适合在城市中生活。鉴于旅鸫会食用大量地栖性无脊椎动物，如蚯蚓，一些科学家认为它们是水和土壤质量的风向标。

然而，尽管具备这些令人钦佩的特质，以及那首让它们声名鹊起的童谣——"红胸小旅鸫，坐在栏杆上；脑袋点点地动，尾巴摇摇地晃"，旅鸫却并未得到足够的尊重。就连它们的拉丁学名"*Turdus migratorius*"也似乎带有一丝负面寓意。然而，当我们注视着一只城市中的旅鸫所筑的巢时，它的设计、结构、功能和俏皮感会让我们明白：在自然界中，没有任何东西是被浪费的。这同时也提醒我们，一些人工垃圾可能永远都不会完全消失。即使在人类灭绝很久之后，旅鸫仍可能会将我们产生的垃圾变废为宝。

在本书中，我试图解释城市是如何在数十年的时间里意外地充斥了野生动物，以及这对如今共享城市的人类和动物意味着什么。如果说 2020 年疫情封控期间的野生动物"现身潮"凸显了这一生态转变的程度，那么旅鸫的巢则暗示了共存是如何影响并激励双方的。其他生命经历着其他现实，但当我们共享家园时，我们也共享我们的生活，我们将从此变得有所不同。我们改变，我们调整，我们妥协，我们随机应变，我们逐渐进化。

80% 以上的美国人如今生活在城市中，这些城市居民正迎来一次难得的机遇。自然保护史上最辉煌的一大胜利基本上是一起偶然事件。在 18 和 19 世纪饱受摧残的野生物种在 20 和 21 世纪重返城市，与之一同回归的还有一大批新的面孔，这在很大程度上是因为几十年前出于其他目的所作的决策。目前，美国城市的人口密度和动物密度相比以往任何时期都要大。从某种意义上说，这些城市已经重新自然化了。与野生动物共存固然充满挑战，但更多的还是益处。现在是时候珍视这份礼物了，我们应追随生态学、自然保护、环境科学、城市规划等领域的先驱们，开始将对野生动物的关注融入城市生活的方方面面。要做到这一点并非易事。但是，如果我们能采取以科学为基础的措施，在社会参与和支持下贯彻这些措施，通过可靠的公共资源来维持这些措施，并在设计这些措施时照顾到我们当中最需要帮助和最为弱势的群体，那么总有一天，我们都能生活在以生物多样性与和谐共存为特色，同时也更清洁、更环保、更健康、更公正和更可持续的社区中。